CB008039

DARWIN *por* DARWIN

DARWIN *por* DARWIN

Um panorama de sua vida e obra
através de seus escritos

Seleção e organização:
Janet Browne

Tradução:
Maria Luiza X. de A. Borges

ZAHAR

Título original:
The Quotable Darwin

Tradução autorizada da primeira edição americana,
publicada em 2018 por Princeton University Press,
de Nova Jersey, Estados Unidos

Jorge Zahar Editor Ltda.
rua Marquês de S. Vicente 99 – 1º 22451-041 Rio de Janeiro, RJ
tel (21) 2529-4750 | fax (21) 2529-4787
editora@zahar.com.br | www.zahar.com.br

Grafia atualizada respeitando o novo
Acordo Ortográfico da Língua Portuguesa

Preparação: Angela Ramalho Vianna
Revisão: Tamara Sender, Édio Pullig
Indexação: Gabriella Russano
Capa: Rafael Nobre

CIP-Brasil. Catalogação na publicação
Sindicato Nacional dos Editores de Livros, RJ

D247 Darwin por Darwin: um panorama de sua vida e obra através de seus escritos/organização Janet Browne; tradução Maria Luiza X. de A. Borges. – 1.ed. – Rio de Janeiro: Zahar, 2019.

il.

Tradução de: The quotable Darwin
Inclui bibliografia e índice
ISBN 978-85-378-1845-9

1. Darwin, Charles, 1809-1882. 2. Naturalistas – Inglaterra – Biografia. I. Browne, Janet. II. Borges, Maria Luiza X. de A.

CDD: 925
19-57957 CDU: 929:5

Vanessa Mafra Xavier Salgado – Bibliotecária – CRB-7/6644

SUMÁRIO

Prefácio, 9
Cronologia, 15

PARTE I
JUVENTUDE E A VIAGEM DO BEAGLE

Fundamentos, 23
A viagem do *Beagle*, 30
Geologia, 41
Escravidão, 46
Coleção de história natural, 49
Povos indígenas, 54
Arquipélago de Galápagos, 59

PARTE II
CASAMENTO E TRABALHO CIENTÍFICO

Notas sobre espécies, 67
Casamento, 72
Uma teoria com que trabalhar, 77
Filhos, 84
Pombos, 90
Cracas, 94
Precursores, 100
Descobertas independentes, 106

PARTE III

A ORIGEM DAS ESPÉCIES

A origem das espécies, 115

Espécies, 124

Seleção, 128

Dificuldades, 132

Desígnio e livre-arbítrio, 137

Variação e hereditariedade, 141

Origem da vida, 147

Sobrevivência dos mais aptos, 149

Reações à *Origem das espécies*, 152

Botânica, 166

PARTE IV

HUMANIDADE

Origens humanas, 173

Raça, 180

Seleção sexual, 183

Moralidade, 187

Intelecto, 190

Instintos, 194

Expressão das emoções, 197

Sociedade humana, 201

PARTE V

SOBRE ELE MESMO

Crença religiosa, 211
Saúde, 219
Política, 224
Ciência, 226
Escrita, 231
Cães, 235
Antivivissecção, 238
Natureza, 240
Autobiográfico, 244

PARTE VI

AMIGOS E FAMÍLIA

Amigos e contemporâneos, 253
Comentários de seus contemporâneos, 263
Recordações da família, 272
Tributos, 282
Miscelânea, 287

Referências bibliográficas, 291
Créditos das imagens, 299
Agradecimentos, 301
Índice remissivo, 303

PREFÁCIO

Poucas pessoas precisam ser apresentadas a Charles Darwin, o grande naturalista britânico do século XIX que formulou ideias de amplo alcance sobre a maneira pela qual os seres vivos evoluem por seleção natural. Ele é mundialmente conhecido pela proposta de que todos os organismos – incluindo os homens – se originam por processos inteiramente naturais, sem a intervenção de nenhuma divindade, e o rótulo "darwinista" é usado de modo usual para descrever a teoria subjacente a toda a biologia evolucionista moderna. Essa fama é baseada em seu magnífico livro *A origem das espécies*, publicado pela primeira vez em 1859, em Londres, em meio a uma tempestade de controvérsias, e continua a ser um dos textos fundamentais do mundo moderno.

Mas Darwin fez muito mais que publicar *A origem das espécies*. Antes disso – com apenas 22 anos, no início – ele viajou para a América do Sul na expedição de levantamento topográfico do *Beagle* durante os anos de 1831-36, como naturalista, coletor e também acompanhante científico do capitão Robert FitzRoy. Ao voltar, continuou a realizar pesquisas e observações em história natural, trabalho a que se dedicou pelo resto da vida. Ele se tornaria conhecido como autor de várias publicações científicas importantes e de um interessante diário sobre suas experiências na viagem intitulado *Diário de pesquisas*, inspirado na *Personal Narrative* de Alexander von Humboldt. Depois que voltou também começou reservadamente a especular sobre ideias evolutivas. Não chegou a nenhuma teoria concreta até que leu o livro publicado por Thomas Robert Malthus a respeito de população humana e controles naturais para seu progressivo aumento. A partir disso Darwin desenvolveu suas ideias sobre luta pela sobrevivência e seleção natural. Mais ou menos ao mesmo tempo, outros pensadores propunham ideias evolucionistas, em particular Alfred Russel Wallace, cujo trabalho nessa área era desconhecido por Darwin até um momento dramático, em 1858, quando Wallace lhe escreveu anexando um ensaio sobre suas ideias. A história do anúncio simultâneo da teoria da evolução por seleção natural em julho de 1858 é fascinante. Com ele, Darwin acelerou seus planos para a publicação e produziu seu grande livro, *A origem das espécies*, no ano seguinte.

Os debates que se seguiram impulsionaram Darwin e seu livro para a notoriedade. Essas acaloradas discussões também atraíram duradouras especulações sobre as relações entre o mundo natural e seu suposto criador, bem como investigações filosóficas contemporâneas sobre as espécies e suas origens – ao lado de crescente incerteza religiosa, crítica pública da ordem social estabelecida e rápidos avanços industriais e comerciais no Império Britânico, então em recente expansão. Tudo isso refletiu na literatura, na poesia e nas artes contemporâneas. De certa maneira, o livro de Darwin cristalizou a ampla gama de questões presentes na cabeça de todos. De fato, nas décadas posteriores, o livro – e as reavaliações fundamentais que inspirou – passou a simbolizar uma importante revolução intelectual, ajudando a tornar o mundo moderno.

No centro do furacão, Darwin tentou levar uma vida tranquila. Ele dedicava grande parte do tempo buscando apoio para a ideia de evolução por seleção natural – ou, como a chamava, descendência com modificação – por meio de experimentação com diferentes grupos de animais, aves e especialmente plantas, bem como de ampla leitura e pesquisa em bibliotecas. Escrevia e publicava com constância, incluindo uma série de excepcionais livros e artigos posteriores que desenvolveram e ampliaram o tema da evolução por seleção natural. Durante todo o tempo respondia a críticas e questionamentos e produzia uma correspondência científica muito farta, que acabou por se estender por todo o globo. Sem dúvida ele foi um dos principais autores e pensadores do período, o catalisador para que muita gente – de todas as profissões e condições sociais – reexaminasse e talvez corrigisse sua visão acerca do mundo natural e, nele, do lugar ocupado pela humanidade. No momento de sua morte, Darwin foi celebrado como um herói da ciência. Ele foi enterrado na abadia de Westminster, em Londres.

O que movia esse homem extraordinário? Embora seus livros estivessem inseridos em controvérsias públicas, e suas ideias científicas fossem audaciosas, ele teve uma vida pessoal extremamente comum. Viveu como um cavalheiro vitoriano com fortuna independente na zona rural inglesa, cercado por uma família grande e vasta criadagem. Depois daqueles anos aventurosos da viagem do *Beagle*, adotou uma rotina diária sem nada de especial, embora atormentado por persistentes problemas de saúde. Casou-se com a prima Emma Wedgwood em 1839, e juntos tiveram dez filhos, três dos quais morreram antes de se tornar adultos. Numa série de recordações que registrou na velhice, Darwin descreveu muitas das circunstâncias de sua vida com grande modéstia. Deixou claro que detestava aparições públicas e ficava sempre aliviado ao deixar seus amigos promoverem suas ideias enquanto permanecia calmamente em casa. Mesmo assim, sempre escrevia cartas. Para nossa sorte, as transformações no pensamento moldadas por suas concepções tiveram lugar, na maioria dos casos, por meio da palavra escrita.

Este livro de citações selecionadas dos escritos de Darwin esquadrinha os registros históricos para mostrar os notáveis contrastes de sua vida e seu tempo em suas próprias palavras e nas palavras de seus amigos, contemporâneos e de sua família. Nas publicações, Darwin não era muito dado a formulações aforísticas e era cauteloso na maneira como expressava suas ideias científicas. No entanto, as cartas e os cadernos pessoais revelam como seus pensamentos eram corajosos e incisivos. Sua afeição pelos amigos e pela família é muito evidente na correspondência, e Darwin experimentou muito dos mesmos transtornos, preocupações familiares, alegrias e desgostos partilhados por outros vitorianos.

Como um dos mais famosos cientistas, Darwin merece um volume como este, que fornece pronto acesso às ideias mais importantes que ele propôs, às dificuldades e críticas com que deparou, informações reveladoras sobre sua personalidade e vida familiar, tudo em suas próprias palavras ou nas de seus contemporâneos. Estão aqui incluídos o tempo que ele passou na viagem do *Beagle*, seu prazer na observação da história natural, os anos empolgantes em que se deparou com a ideia de evolução e a composição e acolhida de seu célebre *A origem das espécies*.

Darwin foi também um entusiasta escritor de cartas, um homem que gostava da vida em família e apreciava seus amigos. Os leitores descobrirão, por exemplo, que ele gostava de jogar bilhar, porque "expulsa as horrendas espécies da minha cabeça". Sua personalidade ressalta de suas palavras, tanto as pessoais quanto as públicas. Tomado como um todo, este livro fornece uma imagem do homem como cientista profundamente ponderado, escritor de talento, pai, amigo, correspondente e marido amoroso.

Talvez alguns leitores achem que omiti os comentários de Darwin preferidos por eles – pelo que peço desculpas. Espero, contudo, que os extratos aqui apresentados levem os leitores a explorar mais a fundo cartas, cadernos e escritos publicados de Darwin; e que o homem ganhe vida para eles a partir da palavra escrita, como ganhou para mim.

As citações estão organizadas em curtas seções temáticas para fácil acesso, e o formato geral do volume, em linhas gerais, é cronológico. O conjunto pretende algo mais que uma reunião das melhores citações de Darwin: em vez disso, espero fornecer um panorama estrutura do de sua realização no contexto de sua própria época, assim como das reações de seus contemporâneos – um pequeno volume que mostrará a trajetória de seu pensamento sobre tópicos fundamentais e seu impacto público. As páginas finais trazem reflexões do próprio Darwin sobre seu caráter e crenças religiosas, e comentários feitos a seu respeito por contemporâneos e membros da sua família. Do princípio ao fim, os extratos são citados literalmente, com pontuação e maiúsculas idiossincráticas por ele adotadas, sem contudo lançarmos mão de "*sic*". Muito ocasionalmente, fiz de forma silenciosa pequenas mudanças para ajudar a esclarecer seu pensamento. Aspas foram regularizadas de acordo com o uso moderno. Extratos de carta no recurso on-line Darwin Correspondence Project são relacionados com a abreviação DCP e o número da carta. As datas fornecidas entre colchetes não estão realmente na carta, mas foram estabelecidas pela pesquisa do DCP.

Outras fontes são citadas por extenso no fim do livro.

CRONOLOGIA

1809: Nasce em Shrewsbury, Reino Unido, 12 fev.

1817: Morre sua mãe, 15 jul.

1825-27: Frequenta aulas de medicina na Universidade de Edimburgo. Conhece o naturalista evolucionista Robert Grant.

1827-31: Frequenta o Christ College, Universidade de Cambridge. Conhece John Stevens Henslow, Adam Sedgwick e outros renomados professores.

1831: Recebe o convite para navegar no *HMS Beagle*, graças à recomendação de J.S. Henslow, 29 ago. O *HMS Beagle* zarpa de Plymouth, Reino Unido, 27 dez.

1832: Primeira aproximação da terra em Santiago, Cabo Verde, seguida por Salvador, Brasil, janeiro.

1833: Faz várias expedições ao interior da Argentina e do Uruguai; encontra fósseis importantes em torno de Montevidéu, ago-nov.

1834: Encontra pela primeira vez indígenas fueguinos na Terra do Fogo, fevereiro. O *HMS Beagle* contorna o cabo Horn, abril.

1835: Expedição do *HMS Beagle* faz levantamento topográfico da costa chilena e enfrenta considerável terremoto, fevereiro; cruza os Andes, março. Visita as ilhas Galápagos, setembro, e o Taiti, novembro.

1836: Excursão ao interior em Nova Gales do Sul, Austrália, janeiro. Expedição às ilhas Cocos, abril.

1836: O *HMS Beagle* volta à Inglaterra, 2 out.

1837: Começa a classificar seus espécimes. Faz amizade com Charles Lyell. Debate com John Gould a taxonomia dos espécimes de aves, inclusive os tentilhões das Galápagos, jan-mar. Muda-se para Great Marlborough Street, 36, Londres, março. Abre primeiro caderno sobre transmutação das espécies, julho.

1838-41: Serve como secretário da Geological Society of London; apresenta vários artigos à sociedade sobre suas descobertas geológicas durante a viagem do *Beagle*.

1838-43: Organiza e supervisiona a publicação em cinco partes de *The Zoology of the Voyage of* HMS Beagle [A zoologia da viagem do *HMS Beagle*].

1838: Lê Malthus e formula a teoria da evolução por seleção natural, set-out. Muda-se para Upper Gower Street, 12, Londres, dezembro.

1839: Casa-se com a prima Emma Wedgwood, 29 jan. Publica *Diário de pesquisas sobre a história natural e a geologia dos países visitados durante a viagem do* HMS Beagle *em volta do mundo*. Nasce o primeiro filho, William Erasmus Darwin, 27 dez.

1841: Nasce Anne Elizabeth Darwin, 2 mar.

1842: Publica *The Structure and Distribution of Coral Reefs* [A estrutura e a distribuição dos recifes de coral] e escreve curto esboço da teoria das espécies enquanto visita Maer, propriedade da família Wedgwood. Muda-se para Down House, Kent, set. Nasce Mary Eleanor Darwin, 23 set, e morre alguns dias depois.

1843: Nasce Henrietta Emma Darwin, 25 set.

1844: Completa ensaio de 230 páginas sobre espécies, 5 jul. Conhece Joseph Dalton Hooker, que se torna um amigo para toda a vida. Nasce George Howard Darwin, 9 jul. *Vestiges of the Natural History of Creation*, de Robert Chambers, é publicado anonimamente; Darwin publica *Geological Observations on the Volcanic Islands Visited during the Voyage of the* HMS Beagle [Observações geológicas em ilhas vulcânicas visitadas durante a viagem do *HMS Beagle*].

1845: Publica a segunda edição de *Diário de pesquisas*.

1846: Começa estudo sobre cracas; publica *Geological Observations on South America* [Observações geológicas sobre a América do Sul]. Arrenda terra de sir John Lubbock para o "caminho de areia" em Down House.

1847: Nasce Elizabeth Darwin, 8 jul.

1848: Nasce Francis Darwin, 16 ago.

1850: Nasce Leonard Darwin, 15 jan.

1851-54: Publica dois volumes de *Living Cirripedia* [Cirrípedes vivos] e dois volumes de *Fossil Cirripedia* [Cirrípedes fósseis].

1852: Morre a filha Anne, de dez anos, 23 abr. Nasce Horace Darwin, 13 mai.

1854: "Comecei a ordenar notas para teoria das espécies."

1855: Inicia correspondência com Asa Gray, abril.

1856: "Comecei, a conselho de Lyell, a escrever esboço de espécies." Começa a ampliar Down House para acomodar a família crescente (conclui em 1858). Conhece Thomas Henry Huxley. Nasce Charles Waring Darwin, o décimo filho, 6 dez.

1858: Recebe carta de Alfred Russel Wallace descrevendo a teoria da evolução de Wallace, 18 jun. Darwin "nunca viu coincidência mais impressionante". Morte do bebê Charles, de escarlatina, 28 jun. Artigos de Darwin e Wallace sobre a teoria da evolução por seleção natural lidos *in absentia* na Linnean Society of London, 1º jul. Começa a escrever um "Resumo" que se tornou *A origem das espécies*, 20 jul.

1859: Publica *A origem das espécies por meio de seleção natural ou A preservação das raças favorecidas na luta pela vida*, 24 nov.

1860: Primeira edição de *A origem das espécies* nos Estados Unidos, jan. Controvérsia na British Association for the Advancement of Science, em Oxford, 30 jun. Darwin não comparece.

1861: Publica terceira edição, revista e ampliada, de *A origem das espécies*, incluindo um breve esboço histórico de outros pensadores evolucionistas.

1862: Publica *On the Various Contrivances by which British and Foreign Orchids Are Fertilised by Insects* [Sobre os vários dispositivos pelos quais orquídeas britânicas e estrangeiras são fertilizadas por insetos]. Constrói uma estufa em Down House para experimentos botânicos.

1864: Agraciado com a Medalha Copley, maior honraria da Royal Society, novembro.

1865: Publica *The Movements and Habits of Climbing Plants* [Os movimentos e os hábitos das plantas trepadeiras].

1868: Publica *The Variation of Animals and Plants under Domestication* [A variação de animais e plantas sob domesticação].

1871: Publica *A origem do homem e a seleção sexual.*

1872: Publica *A expressão das emoções no homem e nos animais.* Novas ampliações de Down House (concluídas em 1877).

1875: Publica *Insectivorous Plants* [Plantas insetívoras].

1876: Publica *The Effects of Cross and Self Fertilisation in the Vegetable Kingdom* [Os efeitos da fertilização cruzada e da autofertilização no reino vegetal]. Nasce o primeiro neto, Bernard Darwin, 7 set, mas a mãe morre no parto. Bernard e Francis Darwin vêm morar em Down House. Escreve *Recollections of the Development of my Mind and Character* [Recordações sobre o desenvolvimento de minha mente e caráter], mai-ago.

1877: Publica "A biographical sketch of an infant" ["Esboço biográfico de uma criança pequena"] e *The Different Forms of Flowers on Plants of the Same Species* [As diferentes formas de flores em plantas da mesma espécie].

1879: Publica tradução de um ensaio sobre seu avô, dr. Erasmus Darwin, e acrescenta um prefácio biográfico (E. Krause, *Erasmus Darwin*, traduzido do alemão por W.S. Dallas).

1881: Publica *The Formation of Vegetable Mould Through the Action of Worms, with Observations on Their Habits* [A formação de fungo vegetal pela ação de vermes, com observações sobre os hábitos destes].

1882: Morre em Down House, 19 abr. É enterrado na abadia de Westminster, Londres, 26 abr.

PARTE I

JUVENTUDE E A VIAGEM DO *BEAGLE*

Charles Darwin, desenho em aquarela de George Richmond, 1840.

FUNDAMENTOS

Nada poderia ter sido pior para o desenvolvimento de minha mente que a escola do dr. Butler [em Shrewsbury], pois ela era estritamente clássica, nada mais sendo ensinado exceto um pouco de geografia e história antigas. A escola como meio de educação para mim foi simplesmente algo insignificante.

Autobiografia, 27

Rememorando tão bem quanto posso meu caráter durante minha vida escolar, as únicas qualidades que nesse período pareciam promissoras eram que eu tinha gostos fortes e diversificados, muito zelo por tudo que me interessava e um agudo prazer em compreender qualquer assunto ou coisa complexa. Aprendi Euclides com um professor particular e lembro nitidamente a intensa satisfação que as claras provas geométricas me deram.

Autobiografia, 43

Perto do término da minha vida escolar, meu irmão trabalhava arduamente em química e fez um laboratório razoável, com equipamento adequado, no galpão de ferramentas do jardim, e eu tinha permissão para ajudá-lo como assistente na maioria de seus experimentos. Ele fazia todos os gases e muitos compostos, e eu li com atenção vários livros de química, como *Chemical Catechism*, de Henry [G. Bohn] e [Samuel] Parkes. O assunto me interessava enormemente, e nós com frequência continuávamos trabalhando até altas horas da noite. Essa foi a melhor parte de minha educação na escola, pois me mostrou de maneira prática o significado da ciência experimental. O fato de que trabalhávamos em química de algum modo tornou-se conhecido na escola, e, como era um fato sem precedentes, fui apelidado de "Gás".

Autobiografia, 45-6

A instrução em Edimburgo [na Universidade de] era totalmente à base de Palestras, e estas eram intoleravelmente tediosas, com exceção daquelas sobre química de [T.C.] Hope; no entanto, em minha opinião, não havia nenhuma vantagem mas muitas desvantagens nas palestras, comparadas à leitura. As palestras do dr. Duncan sobre Matéria Médica às oito horas de uma manhã de inverno são algo terrível de lembrar.

Autobiografia, 46-7

Durante meu segundo ano em Edimburgo assisti às palestras de [Robert] Jameson sobre Geologia e Zoologia, mas elas eram incrivelmente tediosas. O único efeito que produziram em mim foi a determinação de jamais, enquanto eu vivesse, ler um livro sobre Geologia ou estudar essa ciência.

Autobiografia, 52

Morava em Edimburgo um negro que tinha viajado com [Charles] Waterton e ganhava a vida empalhando aves, o que fazia de modo excelente; ele me deu aulas em troca de pagamento, e eu costumava muitas vezes me sentar com ele, porque era um homem muito agradável e inteligente.

Autobiografia, 51

Também estive, em duas ocasiões, na sala de cirurgia do hospital em Edimburgo e presenciei duas operações muito ruins, uma numa criança, mas saí correndo antes que terminassem. Jamais voltei a comparecer, pois quase nenhum incentivo teria sido forte o bastante para me levar a fazê-lo; isso se deu muito antes dos dias abençoados do clorofórmio. Os dois casos me assombraram durante longos anos.

Autobiografia, 48

Durante os três anos que passei em Cambridge [na Universidade], meu tempo foi desperdiçado, no que dizia respeito aos estudos acadêmicos, tão completamente quanto em Edimburgo e na escola.

Autobiografia, 58

Por força de minha paixão pelo tiro e pela caça, e, quando isso falhava, por calvagar pelo campo, entrei num círculo esportivo [na Universidade de Cambridge] que incluía alguns rapazes dissolutos e vulgares. Costumávamos jantar juntos com frequência, embora esses jantares muitas vezes incluíssem homens de um nível superior, e nós às vezes bebêssemos demais, com cantos alegres e jogo de cartas depois. Sei que deveria me sentir envergonhado de dias e noites assim passados, mas, como alguns de meus amigos eram muito agradáveis e estávamos todos no melhor dos ânimos, não posso evitar rememorar esse tempo com muito prazer.

Autobiografia, 60

Nenhuma atividade em Cambridge foi exercida com tanta animação ou me deu tanto prazer quanto colecionar besouros. Era a mera paixão de colecionar, pois eu não os dissecava e raramente comparava seus caracteres externos com descrições publicadas, mas conseguia nomeá-los assim mesmo. Darei uma prova de meu zelo: um dia, ao arrancar uma casca de árvore velha, vi dois besouros raros e agarrei um em cada mão; então vi um terceiro e novo tipo, cuja perda eu não podia admitir, de modo que joguei na boca aquele que segurava com a mão direita. Para meu infortúnio, ele ejetou um fluido intensamente acre, que queimou minha língua de tal modo que fui forçado a cuspir o besouro, que sumiu, assim como o terceiro.

Autobiografia, 62

Quando estava em Cambridge, eu costumava praticar jogar minha arma ao ombro diante de um espelho para ver se fazia corretamente. Outro plano, melhor, era pedir a um amigo para agitar uma vela acesa, e então atirar nela com uma espoleta, e, se o alvo fosse preciso, a pequena lufada apagava a vela. A explosão da espoleta produzia um estampido agudo, e me disseram que o Diretor da Faculdade comentou: "Que coisa extraordinária, o sr. Darwin parece passar horas estalando um chicote em seu quarto, pois frequentemente ouço o estalo quando passo sob suas janelas."

Autobiografia, 44-5

Adquiri um forte gosto por música e costumava com muita frequência fixar a hora de minhas caminhadas para ouvir, nos dias úteis, o hino na capela do King's College [Cambridge]. Isso me dava intenso prazer, e às vezes sentia um arrepio na espinha. ... Sou tão completamente desprovido de ouvido que não posso perceber uma desafinação ou marcar o tempo e cantarolar uma melodia corretamente; é um mistério como obtinha prazer com a música. Meus amigos afinados logo perceberam minha condição, e às vezes se divertiam submetendo-me a um exame que consistia em verificar quantas melodias eu podia reconhecer, quando elas eram tocadas bem mais depressa ou devagar que o normal. "God save the King", quando tocado assim, era um penoso quebra-cabeça.

Autobiografia, 61-2

Para ser aprovado no exame do B.A.,* era também necessário estudar intensamente as *Evidences of Christianity* de [William] Paley e sua *Moral Philosophy*. Isso era feito de maneira meticulosa, e estou convencido de que poderia reescrever as *Evidences* inteiras com perfeita correção, mas não na linguagem clara

* Bacharelado em artes. (N.T.)

de Paley. A lógica desse livro, e, como posso acrescentar, de sua *Natural Theology*, deu-me tanto prazer quanto Euclides. O cuidadoso estudo dessas obras, sem a tentativa de decorá-las, foi a única parte do curso acadêmico que, como senti então e ainda sinto, foi de mínima utilidade na educação de meu pensamento. Não me preocupei naquela época com as premissas de Paley; e confiando nelas fiquei encantado e convencido pela longa linha de argumentação.

Autobiografia, 59

Enquanto eu examinava um velho poço de cascalho perto de Shrewsbury, um trabalhador me contou que tinha encontrado nele uma grande e gasta concha de Voluta tropical como as que podem ser vistas sobre os consolos de lareira de chalés; e como ele não quis vender a concha, fiquei convencido de que realmente a encontrara no poço. Falei com [o professor Adam] Sedgwick sobre o fato, e ele disse imediatamente (decerto com verdade) que ela deve ter sido descartada por alguém no poço; mas, em seguida acrescentou, se realmente estivesse incrustada ali seria o maior infortúnio para a geologia, pois derrubaria tudo o que sabemos sobre os depósitos superficiais dos condados centrais. Esses leitos de cascalho pertenciam de fato ao período glacial, e em anos posteriores encontrei neles conchas árticas quebradas. Mas fiquei naquele momento completamente assombrado por Sedgwick não ter se encantado diante de fato tão assombroso quanto o encontro de uma concha tropical perto da superfície no centro da Inglaterra. Nada antes jamais me fizera compreender totalmente, embora eu tivesse lido vários livros científicos, que a ciência consiste em agrupar fatos de tal maneira que leis ou conclusões gerais possam ser deles extraídas.

Autobiografia, 69-70

Não demorei a me familiarizar bastante com [o professor John Stevens] Henslow, e durante a segunda metade do meu tempo em Cambridge fiz longas caminhadas com ele na maior parte dos dias; de modo que eu era chamado por alguns dos professores de "o homem que anda com Henslow".

Autobiografia, 64

Durante meu último ano em Cambridge, li com cuidado e profundo interesse *Personal Narrative* de [Alexander von] Humboldt. Essa obra e *Introduction to the Study of Natural Philosophy*, de sir J. Herschel, suscitaram em mim um ardente entusiasmo por acrescentar ao menos a mais humilde contribuição à nobre estrutura da Ciência Natural. Nem um ou uma dúzia de outros livros influenciaram-me tanto quanto esses dois.

Autobiografia, 67-8

Considerando quão ferozmente fui atacado pelos ortodoxos, parece absurdo que eu outrora tenha pretendido ser clérigo. Essa intenção e o desejo de meu pai jamais foram tampouco formalmente abandonados, mas morreram de morte natural quando, ao deixar Cambridge, ingressei no *Beagle* como Naturalista.

Autobiografia, 57

A VIAGEM DO BEAGLE

Fui solicitado por [George] Peacock, que lerá e encaminhará isso para você de Londres, a recomendar-lhe um naturalista como companheiro para o cap. Fitzroy, empregado pelo governo para fazer o levantamento topográfico da extremidade S. da América. Declarei que o considero a pessoa mais bem qualificada de que tenho conhecimento e que provavelmente assumiria tal cargo – declaro isso não supondo que seja um Naturalista *consumado*, mas amplamente qualificado para coletar, observar e anotar qualquer coisa digna de nota em História Natural. ... O cap. F. (pelo que entendo) quer um homem mais como companheiro do que como mero coletor, e não aceitaria ninguém, por melhor Naturalista que fosse, que não lhe fosse recomendado igualmente como *cavalheiro*.

J.S. Henslow para Darwin,
24 ago 1831, DCP 105

Meu querido Pai ... Dei ao Tio Jos [Josiah Wedgwood II] o que acredito fervorosamente ser uma lista precisa e completa de suas objeções, e ele tem a bondade de dar sua opinião sobre todas. – A lista e as respostas dele serão anexadas. –

(1) Desonroso para meu caráter com um Clérigo doravante.

(2) Um plano extravagante.

(3) Que eles devem ter oferecido a muitos outros, antes de mim, o lugar de Naturalista.

(4) E pelo fato de ele não ter sido aceito, deve haver alguma grave objeção ao navio ou à expedição.

(5) De que eu nunca me estabeleceria numa vida regular doravante.

(6) Que minhas acomodações seriam extremamente desconfortáveis.

(7) Que o senhor deveria ver isso como uma nova mudança minha de profissão.

(8) Que seria um empreendimento inútil.

Darwin para R.W. Darwin,
31 ago [1831], DCP 110

Gloria in excelsis é o começo mais moderado em que posso pensar. – As coisas estão mais propícias do que eu teria julgado possível. – O cap. Fitzroy é tudo de encantador, e se eu o elogiasse a metade do que me sinto inclinado a fazer, você diria que era absurdo, só o tendo visto uma vez.

Darwin para J.S. Henslow,
[5 set 1831], DCP 118

Mais tarde, ao me tornar muito íntimo de Fitz-Roy, soube que tinha corrido um risco muito reduzido de ser rejeitado, por causa do formato do meu nariz. Ele era um ardoroso discípulo de [Johann Kaspar] Lavater, e estava convencido de que podia julgar o caráter de um homem pelo contorno de seus traços; e duvidava que alguém com meu nariz possuísse energia e determinação suficientes para a viagem. Mas acho que depois ficou convencido de que meu nariz tinha prestado falso testemunho.

Autobiografia, 72

Eu lhe asseguro que fui tão econômico quanto possível, mas minha bagagem é espantosamente volumosa – aguardo com consternação para ver o sr. Wickham [Primeiro-Tenente do *Beagle*] – se ele resmungou só diante do número de minhas polegadas cúbicas naturais, não posso imaginar o que fará agora.

Darwin para Robert FitzRoy,
[4 ou 11 out 1831], DCP 139

Meu querido Pai
Tenho uma longa carta, toda já escrita, mas o transporte pelo qual envio isso é tão incerto que não arriscarei, mas esperarei pela chance de encontrar um navio que esteja de volta para casa. – De fato só aproveito a oportunidade porque talvez o senhor esteja ansioso, não tendo ainda notícias minhas. ... A História Natural continua de modo excelente, e estou incessantemente ocupado com animais novos e muitíssimo interessantes.

Darwin para R.W. Darwin,
10 fev 1832, DCP 159

Descubro para minha grande surpresa que um navio é singularmente cômodo para todos os tipos de trabalho. – Tudo fica tão à mão, e estar apertados nos torna tão metódicos, que no fim saí ganhando.

Darwin para R.W. Darwin,
8 fev-1º mar [1832], DCP 158

Ninguém que só esteve no mar por 24 horas tem o direito de dizer que o enjoo é sequer desconfortável. – O tormento real só começa quando você está tão exausto – que um pequeno esforço provoca uma sensação de desmaio. – Descobri que nada, exceto ficar deitado em minha rede, me fazia algum bem.

Darwin para R.W. Darwin,
8 fev-1º mar [1832], DCP 158

Ocorreu-me então pela primeira vez [na ilha de Santiago, Cabo Verde] que eu poderia talvez escrever um livro sobre a geologia dos vários países visitados, e isso me fez palpitar de prazer. Essa foi uma hora memorável para mim, e quão nitidamente posso recordar o penhasco baixo de lava sob o qual eu descansava, com o sol brilhando quente, algumas estranhas plantas do deserto crescendo perto, e corais vivos nas poças de maré a meus pés. Depois, na viagem, FitzRoy pediu para ler um pouco do meu Diário e declarou que ele seria digno de publicação; aqui estava assim um segundo livro em perspectiva!

Autobiografia, 81

A própria palavra deleite, contudo, é fraca para expressar os sentimentos de um naturalista que pela primeira vez esteve vagando sozinho numa floresta brasileira. Entre a multidão de objetos impressionantes, a exuberância geral da vegetação é a vencedora. A elegância das ervas, a novidade das plantas parasitas, a beleza das flores, o verde lustroso da folhagem, tudo contribui para esse efeito. Uma mistura extremamente paradoxal de som e silêncio penetra as partes sombreadas da mata. O ruído dos insetos é tão alto que pode ser ouvido até num navio ancorado a várias centenas de metros da costa; contudo, nos recessos da floresta, um silêncio universal parece reinar. Para uma pessoa que ama a história natural, um dia como este proporciona um prazer mais profundo do que ela pode esperar experimentar algum dia.

Diário de pesquisas, 1839, 11

Nossas barbas estão todas brotando. – meu rosto agora parece mais ou menos do mesmo matiz que um limpador de chaminé mal-lavado. – Com minhas pistolas no cinto e o martelo geológico na mão, não vou parecer um grande bárbaro?

Darwin para S.E. Darwin,
14 jul-7 ago [1832], DCP 177

Pobre velha e querida Inglaterra. Espero que minhas perambulações não me tornem inapto para uma vida tranquila, e que em algum dia futuro eu possa ser afortunado o bastante para estar qualificado a me tornar, como você, um clérigo rural. E então vamos trabalhar juntos em História Nat., e contarei histórias tão prodigiosas como nenhum Barão de Munchausen jamais contou. – Mas o capitão diz que, se eu me entregar a tais visões, como campos verdes e lindas esposinhas etc. etc., certamente fugirei correndo. – De modo que devo permanecer satisfeito com planícies arenosas e grandes Megatérios.

Darwin para W.D. Fox,
[12-13] nov 1832, DCP 189

Há intenso prazer na independência da vida de gaúcho – ser capaz a qualquer momento de parar seu cavalo, e dizer: "Aqui passaremos a noite." A quietude mortal da planície, os cães montando guarda, o grupo cigano de gaúchos fazendo suas camas em redor da fogueira deixaram em minha cabeça uma imagem fortemente gravada desta primeira noite que não será logo esquecida.

Diário de pesquisas, 1839, 81

Um dia, quando eu me divertia galopando e girando as bolas em volta de minha cabeça, por acidente, a [bola] que estava livre bateu num arbusto; e seu movimento giratório sendo assim cessado, ela imediatamente caiu no chão, e como mágica prendeu uma pata traseira de meu cavalo; a outra bola foi então arremessada de minha mão, e o cavalo [ficou] completamente preso. Por sorte ele era um velho animal experiente e sabia o que isso significava; de outro modo provavelmente teria escoiceado até que eu fosse derrubado. Os gaúchos gargalharam; exclamaram que tinham visto toda espécie de animal preso, mas nunca tinham visto antes um homem preso por si mesmo.

Diário de pesquisas, 1839, 51

Ao chegar a uma posta, fomos informados pelo proprietário de que, se não tivéssemos um passaporte regular, devíamos seguir em frente, pois havia tantos assaltantes que ele não confiaria em ninguém. Quando leu, porém, meu passaporte, que começava com "El Naturalista Don Carlos etc.", seu respeito e civilidade foram tão ilimitados quanto eram antes suas desconfianças. O que pode ser um naturalista, nem ele nem seus compatriotas, eu suspeito, faziam a menor ideia; mas provavelmente meu título nada perdeu de seu valor por esse motivo.

Diário de pesquisas, 1839, 139

O tipo de interesse que sinto por esta viagem é um sentimento tão diferente de qualquer coisa que jamais conheci antes que, como neste presente caso, tomei providências para partir [numa expedição ao interior], sabendo o tempo todo que não tenho nenhum direito de fazê-la.

Darwin para C.S. Darwin,
13 nov 1833, DCP 230

Descubro que sofrer de enjoo de estômago também nos inclina a ficar saudosos.

Darwin para C.S. Darwin,
13 out 1834, DCP 259

Os jornais o terão informado sobre o grande Terremoto do dia 20 de fevereiro. – Suponho que ele certamente é o pior já experimentado no Chile. – É inútil tentar descrever as ruínas – é o espetáculo mais medonho que já contemplei. – A cidade de

Concepción agora nada mais é que montes e fileiras de tijolos, telhas e madeiras – é absolutamente verdade que não restou nem sequer uma *casa* habitável; algumas pequenas choupanas feitas de varas e juncos nos arredores da cidade não vieram abaixo e são agora alugadas pelas pessoas mais ricas. A força do choque deve ter sido imensa, o chão está atravessado por fendas, as rochas sólidas estão em cacos, sólidos botaréus com dois a três metros de espessura estão quebrados em fragmentos como se fossem biscoito.

Darwin para C.S. Darwin,
10-13 mar 1835, DCP 271

À noite experimentei um ataque (pois ele não merece ser chamado de nada menos) do Benchuca (uma espécie de *Reduvius*), o grande percevejo preto dos Pampas. É extremamente repugnante sentir insetos moles, sem asas, de cerca de 2,5 centímetros de comprimento, rastejando pelo nosso corpo. Antes de sugar eles são bem finos, mas depois ficam redondos e intumescidos de sangue, e nesse estado são facilmente esmagados. São encontrados também nas partes setentrionais do Chile e do Peru. Um que capturei em Iquique estava muito vazio. Quando posto sobre a mesa, e embora rodeado por pessoas, se um dedo lhe fosse apresentado, o atrevido inseto imediatamente sacava seu sugador, arremetia e, se lhe fosse permitido, sugava sangue.

Diário de pesquisas, 1839, 403-4

Ao voltar à noite para o barco [no Taiti], paramos para testemunhar uma cena muito bonita, muitas crianças brincavam na praia e tinham acendido fogueiras que iluminavam o mar plácido e as árvores circundantes. Outras, em círculos, cantavam versos taitianos. Sentamo-nos na areia e nos juntamos à festa. As canções eram improvisadas, e creio que relacionadas à nossa chegada: uma menininha cantava um verso, que o resto retomava em partes, formando um coro muito bonito. Toda a cena nos deixou inequivocamente conscientes de que estávamos sentados nas praias de uma ilha no Mar do Sul.

Diário de pesquisas, 1839, 483

Depois de ter andado sob um sol abrasador, não conheço nada mais delicioso que o leite de um coco jovem. Abacaxis são tão abundantes aqui, e as pessoas os comem da mesma maneira perdulária como comeríamos nabos. Eles têm um excelente sabor – talvez ainda melhor que aqueles cultivados na Inglaterra; e este eu acredito ser o maior elogio que pode ser feito a uma fruta, ou, de fato, a qualquer outra coisa.

Diário de pesquisas, 1839, 485

Em Pahia [na Nova Zelândia], foi muito agradável contemplar as flores inglesas nas plataformas diante das casas; havia rosas de várias espécies, madressilva, jasmim, goivos e cercas vivas inteiras de rosa-canina.

Diário de pesquisas, 1839, 497

Esta viagem é terrivelmente longa. – Desejo tão sinceramente voltar, no entanto mal me atrevo a olhar para o futuro, pois não sei o que será de mim. – Sua situação está acima da inveja; não me aventuro nem a formular visões tão felizes. – Para uma pessoa apta a assumir a função, a vida de um Clérigo é um modelo de tudo o que é respeitável e feliz: e se ele for um Naturalista e tiver o "Diamond Beetle",* ave-maria; não sei o que dizer.

Darwin para W.D. Fox,
[9-12 ago] 1835, DCP 282

Nunca houve um navio tão cheio de heróis saudosos quanto o *Beagle*.

Darwin para E.C. Darwin,
14 fev 1836, DCP 298

Eu detesto, eu abomino o mar e todos os navios que nele navegam.

Darwin para S.E. Darwin,
4 ago [1836], DCP 306

Perto do término de nossa viagem recebi uma carta, enquanto estava em Ascensão, em que minhas irmãs me disseram que [Adam] Sedgwick havia visitado meu pai e dito que eu deveria tomar um lugar entre os principais cientistas. Não pude entender na ocasião como ele teria conhecimento de qualquer

* Nome vulgar em inglês do besouro *Chrisolopus spectabilis*, encontrado no sudeste da Austrália. (N.T.)

coisa de meus atos, mas soube (acredito que posteriormente) que Henslow tinha lido algumas cartas que lhe escrevi ante a Philosophical Soc. de Cambridge e as imprimira para distribuição privada. Minha coleção de ossos fósseis, que tinha sido enviada a Henslow, também despertou considerável atenção entre paleontólogos. Após ler essa carta eu escalei as montanhas de Ascensão com um passo saltitante e fiz as rochas vulcânicas ressoarem sob meu martelo geológico! Tudo isso mostra como eu era ambicioso.

Autobiografia, 81-2

A viagem do *Beagle* foi de longe o evento mais importante em minha vida e determinou toda a minha carreira; no entanto, ela dependeu de circunstâncias tão pequenas como o oferecimento de meu tio para me conduzir por 48 quilômetros até Schrewsbury, o que poucos tios teriam feito, e de uma ninharia como a forma de meu nariz. Sempre senti que devo à viagem o primeiro treinamento ou educação real de minha mente. Fui levado a prestar estreita atenção a vários ramos da história natural, e assim meus poderes de observação se aperfeiçoaram, embora já fossem bastante desenvolvidos.

Autobiografia, 76-7

GEOLOGIA

A ciência da Geologia tem enorme dívida para com [Charles] Lyell – mais, segundo acredito, que para com qualquer outro homem que jamais tenha vivido. Quando [eu estava] partindo na viagem do *Beagle*, o sagaz [J.S.] Henslow, que, como todos os outros geólogos, acreditava naquela época em sucessivos cataclismos, aconselhou-me a obter e estudar o primeiro volume dos "Princípios" [Charles Lyell, *Princípios da geologia*], que acabara de ser publicado, mas não aceitar de modo nenhum as ideias nele defendidas. Como qualquer pessoa falaria agora de maneira diferente dos "Princípios"!

Autobiografia, 101

Já o primeiro lugar que examinei, a saber, St. Jago [Santiago], nas ilhas [de] Cabo Verde, mostrou-me claramente a maravilhosa superioridade da maneira de Lyell tratar a geologia, comparada com a de qualquer outro autor cujas obras eu tinha comigo ou li posteriormente algum dia.

Autobiografia, 77

Mas a Geologia leva a melhor; é como o prazer de apostar, especular logo ao chegar o que as rochas podem ser.

Darwin para W.D. Fox,
Mai [1832], DCP 168

Encontrei perto da Bajada [Baja de Entre Rios, rio Paraná, Argentina] um grande pedaço [fossilizado], com cerca de 1,20 metro de largura, do invólucro gigante semelhante a um tatu; também um dente molar de um mastodonte e fragmentos de muitos ossos, a maioria dos quais estava podre e mole como argila. Um dente que descobri por uma ponta que se projetava do lado de uma ribanceira interessou-me muito, pois percebi de imediato que pertencia a um cavalo. Sentindo-me muito surpreso com isso, examinei cuidadosamente sua posição geológica e fui compelido a concluir que um cavalo... viveu como contemporâneo dos vários grandes monstros que outrora habitaram a América do Sul.

Diário de pesquisas, 1839, 149

Tendo ouvido falar de alguns ossos de gigante [fósseis] numa casa de fazenda próxima no Sarandi [perto do rio Paraná], pequeno arroio que deságua no rio Negro, cavalguei até lá acompanhado por meu anfitrião e comprei pelo valor de dezoito *pence* a cabeça de um animal igual em tamanho à de um hipopótamo. O sr. Owen, num artigo lido perante a Geological Society, chamou esse animal muito extraordinário de Toxodonte, a partir da curvatura de seus dentes.

Diário de pesquisas, 1839, 180

É impossível refletir sem o mais profundo assombro a respeito do estado alterado deste continente [América do Sul]. Outrora ele devia estar cheio de grandes monstros, como as partes meridionais da África, mas agora encontramos somente a anta, o guanaco, o tatu e a capivara; meros pigmeus comparados às raças antecedentes. A maior parte, se não todos, desses quadrúpedes extintos viveu num período muito recente; e muitos deles foram contemporâneos dos moluscos existentes. Desde a sua perda, não podem ter ocorrido mudanças físicas muito grandes na natureza da região. O que então exterminou tantas criaturas vivas?

Diário de pesquisas, 1839, 210

O prazer proporcionado pela paisagem [dos Andes], em si mesma bela, foi ampliado pelas muitas reflexões suscitadas pela mera visão da grande cordilheira, com suas cordilheiras menores paralelas, e o amplo vale de Quillota dividindo estas últimas. Quem pode se furtar de admirar a força maravilhosa que ergueu essas montanhas, e ainda mais as incontáveis eras que devem ter sido necessárias para massas inteiras delas serem demolidas, removidas e niveladas?

Diário de pesquisas, 1839, 314

Na noite do dia 19, o vulcão Osorno estava em atividade. À meia-noite a sentinela [do navio] observou algo semelhante a uma grande estrela; a partir desse estado o ponto brilhante aumentou gradualmente em tamanho até cerca das três horas, quando um espetáculo muito magnífico foi apresentado. Com a ajuda de um binóculo, objetos escuros, em constante sucessão, foram vistos no meio de um grande clarão vermelho de luz, atirados para cima e caídos novamente. A luz foi suficiente para projetar na água um longo reflexo brilhante. De manhã o vulcão tinha recuperado sua tranquilidade.

Diário de pesquisas, 1839, 356

O dia foi memorável nos anais de Valdivia, por causa do mais severo terremoto experimentado pelo mais velho habitante. Por acaso eu estava na costa, e estava deitado na mata para descansar. Ele sobreveio de repente e durou dois minutos; mas o tempo pareceu muito mais longo. O balanço do chão foi extremamente sensível. ... Foi algo como o movimento de um navio numa pequena ondulação cruzada, ou ainda mais como aquele sentido por uma pessoa esquiando sobre gelo fino, que se curva sob o peso de seu corpo. Um terremoto severo destrói de uma vez as mais antigas associações: o mundo, o próprio emblema de tudo que é sólido, moveu-se sob nossos pés como uma crosta sobre um fluido; – um segundo de tempo transmitiu à mente uma estranha ideia de insegurança que horas de reflexão nunca teriam criado.

Diário de pesquisas, 1839, 369

O efeito mais notável (ou talvez falando mais corretamente, a causa) desse terremoto foi a elevação permanente da terra. O capitão FitzRoy, tendo visitado duas vezes a ilha de Santa Maria com o objetivo de examinar todas as circunstâncias com extrema precisão, trouxe uma grande quantidade de indícios como prova de tal elevação.

Diário de pesquisas, 1839, 379

Nenhuma outra obra minha começou num espírito tão dedutivo quanto esta; pois toda a teoria [sobre os recifes de coral] foi pensada na costa oeste da América do S., antes que eu tivesse visto um verdadeiro recife de coral. Tive portanto apenas de verificar e ampliar minhas ideias por um cuidadoso exame de recifes vivos. Mas convém observar que, durante os dois anos anteriores, eu estivera incessantemente atento aos efeitos, sobre as costas da América do S., da elevação intermitente da terra, junto ao desnudamento e à deposição de sedimento. Isso me levou necessariamente a refletir muito sobre os efeitos de subsidência, e foi fácil substituir na imaginação a deposição constante de sedimento pelo crescimento ascendente de coral. Fazer isso significou elaborar minha teoria da formação de recifes de barreira e atóis.

Autobiografia, 98-9

Sempre sinto como se metade de meus livros tivesse saído do cérebro de Lyell, e que nunca reconheço isso de modo suficiente – tampouco sei como posso sem o dizer explicitamente –, pois sempre pensei que o grande mérito dos *Princípios* foi que ele alterou todo o tom de nosso pensamento, e, portanto, que, ao ver uma coisa nunca enxergada por Lyell, não obstante, nós a vimos parcialmente através de seus olhos.

Darwin para Leonard Horner,
29 ago [1844], DCP 771

ESCRAVIDÃO

Na viagem para a Bahia, no Brasil, ele [Robert FitzRoy] defendeu e elogiou a escravidão, que eu abominava, e disse-me que acabara de visitar um grande senhor de escravos; que tinha chamado muitos desses escravos e lhes perguntado se eram felizes, se desejavam ser livres, e todos responderam "Não". Perguntei-lhe então, talvez com uma expressão de desdém, se ele achava que as respostas dos escravos na presença de seu senhor tinham algum valor. Isso o deixou excessivamente irritado, e ele disse que, como eu duvidava de sua palavra, não podíamos mais viajar juntos. Julguei que seria obrigado a deixar o navio; mas, assim que a notícia se espalhou, o que ocorreu rapidamente, pois o capitão mandou chamar o primeiro-tenente para aliviar sua raiva, injuriando-me, fiquei profundamente satisfeito ao ser convidado por todos os oficiais a fazer as refeições com eles. Contudo, depois de algumas horas, FitzRoy mostrou sua costumeira magnanimidade enviando-me um oficial com desculpas e um pedido para que eu continuasse a viajar em sua companhia.

Autobiografia, 73-4

Posso mencionar um caso muito sem importância, que na época impressionou-me de maneira mais contundente que qualquer história de crueldade. Eu fazia a travessia numa barca com um negro que era incomumente estúpido. No esforço para me fazer entender, eu falava alto e fazia gestos, e com isso passei minha mão perto de seu rosto. Ele, suponho, achou que eu estava furioso e ia atacá-lo; pois instantaneamente, com uma expressão assustada e olhos semicerrados, abaixou as mãos. Nunca esquecerei meus sentimentos de surpresa, repulsa e vergonha ao ver um homem grande e forte com medo até de evitar um golpe dirigido, como ele pensava, a seu rosto. Esse homem tinha sido treinado para uma degradação mais baixa que a escravidão do mais indefeso animal.

Diário de pesquisas, 1839, 28

Observei com que constância o sentimento geral, tal como demonstrado nas eleições, tem se elevado contra a Escravidão. – Que orgulho para a Inglaterra se ela for a primeira nação europeia a aboli-la por completo. – Fui informado, antes de deixar a Inglaterra, que, após viver em países Escravagistas: todas as minhas opiniões seriam alteradas; a única alteração de que tenho consciência é formar uma opinião muito mais elevada acerca do caráter dos Negros. – é impossível ver um negro e não sentir simpatia por ele; expressões tão alegres, abertas, honestas, e corpos musculosos, tão belos; nunca vi nenhum dos diminutos portugueses com seus semblantes homicidas sem quase desejar que o Brasil siga o exemplo do Haiti; e considerando a enorme população negra de aspecto saudável, será assombroso se isso não ocorrer em algum dia futuro.

Darwin para E.C. Darwin,
22 mai [-14 jul] 1833, DCP 206

Faz bem ao coração ouvir como as coisas estão se passando na Inglaterra [Ato do Parlamento para a abolição da escravatura no Império Britânico]. – Hurra para os Whigs idôneos. – Confio em que irão logo atacar aquela mancha monstruosa em nossa alardeada liberdade, a Escravidão Colonial. – Vi o suficiente da Escravidão e das disposições dos negros para estar completamente enojado com as mentiras e absurdos que ouvimos sobre o assunto na Inglaterra.

Darwin para J.M. Herbert,
2 jun 1833, DCP 209

COLEÇÃO DE HISTÓRIA NATURAL

Mencionei [a Francis Beaufort, do Ministério da Marinha] que acredito que a coleção do Cirurgião estaria à disposição do governo, e ele considerou que isso tornaria muito mais fácil para mim manter a distribuição de minha coleção entre os diferentes órgãos em Londres.

Darwin para Robert FitzRoy,
[19 set 1831], DCP 131

Quando estava no rio Negro, no norte da Patagônia, ouvi repetidamente os gaúchos falarem de uma ave muito rara que eles chamavam de Avestruz Petise. Descreveram-na como menor que a comum (que é abundante ali), mas com uma semelhança geral muito próxima. ... Em Port Desire, na Patagônia (lat. 48°), o sr. Martens alvejou um avestruz, e olhei para ele esquecendo no momento, da maneira mais inexplicável, todo o assunto dos Petises, e achei que era do tipo comum que tivesse alcançado dois terços do tamanho. A ave foi cozida e comida antes que minha memória retornasse. Felizmente cabeça, pescoço, pernas, asas, muitas das penas maiores e uma grande parte da pele tinham sido preservados. A partir destes, um espécime quase perfeito foi reunido e é hoje exibido no museu da Zoological Society.

Diário de pesquisas, 1839, 108-9

Devo emitir mais um grunhido. Por má sorte o governo francês enviou um de seus Coletores para o rio Negro [Alcide D'Orbigny] – onde ele trabalhou nos últimos seis meses, e agora rodeou o Horn. – De modo que estou muito egoisticamente temeroso de que ele consiga o suprassumo de todas as coisas boas antes de mim.

Darwin para J.S. Henslow,
[26 out-] 24 nov 1832, DCP 192

Entre os répteis Batráquios, encontrei apenas um pequeno sapo, o qual é muitíssimo singular por sua cor. Se imaginarmos, primeiro, que ele foi deixado de molho na tinta mais preta, e depois, quando seco, teve permissão para rastejar sobre uma tábua recém-pintada do mais vivo vermelhão, de modo a colorir as solas de suas patas e partes de sua barriga, se terá uma boa ideia de sua aparência. Se for uma espécie não identificada, certamente deveria ser chamada *diabolicus*, pois é um sapo adequado para pregar nos ouvidos de Eva.

Diário de pesquisas, 1839, 114-5

À noite, quando estávamos a cerca de dez milhas da baía de San Blas [sul de Bahía Blanca, Argentina], vastos números de borboletas, em bandos ou revoadas de incontáveis miríades, estenderam-se até onde a vista alcançava. Mesmo com a ajuda de um binóculo não era possível ver um espaço livre de borboletas. Os marinheiros gritaram que "estava nevando borboletas", e essa era de fato a aparência.

Diário de pesquisas, 1839, 185

Uma raposa, de uma variedade que se diz ser peculiar à ilha [S. Pedro, arquipélago de Chonos] e muito rara nele, e que é uma espécie não descrita, encontrava-se sentada nas rochas. Estava tão intensamente absorta observando as manobras deles [os topógrafos do *Beagle*] que consegui, aproximando-me silenciosamente por trás, golpeá-la na cabeça com o martelo geológico. Essa raposa, mais curiosa ou mais científica, mas menos sábia que a generalidade de suas irmãs, está agora reconstituída no museu da Zoological Society.

Diário de pesquisas, 1839, 341

Em várias das áreas de neve perpétua encontrei o *Protococcus nivalis*, ou neve vermelha, tão bem conhecido a partir dos relatos de navegadores árticos. Minha atenção foi atraída para a circunstância ao observar que as pegadas das mulas estavam manchadas de um vermelho pálido, como se seus cascos estivessem ligeiramente ensanguentados. A princípio julguei que isso se devia à poeira soprada das montanhas circundantes de pórfiro vermelho; pois em razão do poder magnificador dos cristais de neve, os grupos dessas plantas atômicas apareciam como partículas grosseiras.

Diário de pesquisas, 1839, 394

No crepúsculo do entardecer [em Nova Gales do Sul, Austrália] fiz um passeio ao longo de uma cadeia de poças que, nesta região seca, representava o curso de um rio, e tive a boa sorte de ver vários [exemplares] do famoso Ornitorrinco, ou *Orni-*

thorhyncus paradoxus. Eles estavam mergulhando e brincando perto da superfície da água, mas mostravam tão pouco de seus corpos que poderiam facilmente ser confundidos com ratos-d'água. ... Os espécimes empalhados não dão em absoluto uma boa ideia da aparência recente de sua cabeça e do bico; este se tornou duro e contraído.

Diário de pesquisas, 1839, 526

Pouco tempo antes disso eu estivera deitado numa encosta ensolarada [em Nova Gales do Sul, Austrália] e refletia sobre o estranho caráter dos animais deste país em comparação com o resto do mundo. Um incrédulo em tudo que estivesse acima de sua própria razão poderia exclamar: "Dois Criadores distintos devem ter agido; seu objetivo, contudo, foi o mesmo, e certamente o fim em cada caso está completo." Enquanto assim pensava, observei o alçapão cônico oco da formiga-leão; primeiro uma mosca caiu no declive traiçoeiro e desapareceu imediatamente; depois veio uma formiga grande, mas incauta; ela luta para escapar, sendo muito violenta, aqueles curiosos pequenos jatos de areia descritos por [William] Kirby arremessados pela cauda do inseto foram prontamente dirigidos contra a vítima esperada. Mas a formiga gozou de uma fortuna melhor que a mosca e escapou das mandíbulas fatais escondidas na base do buraco cônico. Não pode haver dúvida de que essa larva predadora pertence ao mesmo gênero que a variedade europeia, embora de uma espécie diferente. Ora, que diria o cético diante disso? Teriam quaisquer dois trabalhadores atinado com um dispositivo tão belo, tão simples, e no entanto tão artificial? Não se pode pensar assim: uma só Mão certamente trabalhou em todo o Universo.

Diário de pesquisas, 1839, 526-7

Descubro que não trouxe para casa nenhum Cágado das Galápagos, pois vários foram trazidos pelo cirurgião e [Robert] FitzRoy. Tenho uma vaga lembrança de que espécimes foram doados à Military Institution em Whitehall (onde há uma grande maquete de Waterloo), e suponho que o dr. [John Edward] Gray saiba se este conserva algum espécime.

Darwin para Albert Gunther,
12 abr [1874?], in Gunther, 1975, 40

POVOS INDÍGENAS

O canal [estreito de] Beagle foi descoberto pelo cap. FitzRoy durante a última viagem, sendo portanto provável que a maior parte dos Fueguinos nunca tivesse visto europeus. – Nada podia exceder seu assombro à aparição de nossos quatro barcos: fogueiras foram acesas em todos os pontos para atrair nossa atenção e espalhar a notícia. – Muitos dos homens correram por alguns quilômetros ao longo da costa. – Nunca esquecerei quão selvagem e arisco era um grupo. – Quatro ou cinco homens apareceram de repente sobre um penhasco perto de nós – estavam completamente nus e tinham cabelo longo e ondulante; brotando do chão e acenando com os braços em torno da cabeça, eles emitiram os mais horríveis gritos. Sua aparência era tão estranha que quase não parecia a de habitantes da Terra.

Diário do Beagle, 134

Vimos aqui o Fueguino nativo; realmente acho que um selvagem indomado é um dos espetáculos mais extraordinários do mundo. – a diferença entre um animal domesticado e o selvagem é muito mais visivelmente marcada no homem. – No bárbaro nu, com seu corpo coberto de tinta, cujos próprios gestos, sejam eles pacíficos ou hostis, são ininteligíveis, vemos com dificuldade outro ser humano. – Nenhum desenho ou descrição irá de maneira alguma explicar o extremo interesse criado pela primeira visão de selvagens.

Darwin para C.S. Darwin,
30 mar-12 abr 1833, DCP 203

Quatro nativos da Terra do Fogo foram levados para a Inglaterra no *Beagle*; foram postos sob os cuidados de um mestre-escola, em cuja casa moraram (com exceção de um), e ali aprenderam a falar inglês, a usar ferramentas comuns, a plantar e semear. Aprenderam as verdades e os deveres religiosos mais simples; e os dois mais jovens começavam a fazer progresso na leitura e na escrita quando chegou a hora de retornarem para seu próprio país. Eu os desembarquei em meio a seu povo, pelo qual foram bem recebidos, mas logo pilhados da maior parte dos tesouros que seus numerosos amigos na Inglaterra lhes tinham dado. Nenhum embotamento da capacidade de compreensão foi demonstrado por esses nativos – muito pelo contrário.

FitzRoy e Darwin, 1836, 222

Todos os órgãos dos sentidos são altamente aperfeiçoados; marinheiros são conhecidos por enxergar bem, e no entanto os Fueguinos eram quase tão superiores quanto alguém com um binóculo. – Quando Jemmy [Orundellico, do povo *yagan*] brigava com algum dos oficiais, dizia: "Eu vejo navio, eu não contar."

Diário do Beagle, 137

Jemmy Button agora sabia perfeitamente o caminho e nos guiou para uma enseada tranquila, onde sua família morava antigamente. Ficamos tristes ao descobrir que Jemmy tinha esquecido por completo a sua língua, isto é, quanto a falar, conseguindo contudo compreender um pouco do que era dito. Foi lamentável, mas risível, ouvi-lo falar com seu irmão em inglês e lhe perguntar em espanhol se tinha entendido.

Diário do Beagle, 137

Senti-me muito melancólico ao deixar nossos Fueguinos entre seus bárbaros compatriotas: houve um consolo; eles pareciam não ter nenhum temor pessoal. – Mas, em contradição ao que foi frequentemente afirmado, três anos tinham sido suficientes para transformar selvagens, no que diz respeito a hábitos, em completos e voluntários Europeus... Receio que, sejam quais forem os outros resultados que sua excursão à Inglaterra produza, ela não lhes dará felicidade. – Eles têm demasiado bom senso para não ver a vasta superioridade dos hábitos civilizados sobre os incivilizados; e, não obstante, receio que devam retornar aos últimos.

Diário do Beagle, 142-3

Mal pudemos reconhecer o pobre Jemmy; em vez do rapaz robusto, limpo e bem-vestido que deixamos, encontramos um selvagem imundo, magro e nu. York e Fuegia [El'leparu e Yokcushla] tinham se mudado para sua própria região alguns meses antes; o primeiro depois de furtar todas as roupas de Jemmy: agora ele não tinha nada, exceto um pedaço de cobertor em volta da cintura. – O pobre Jemmy ficou muito alegre ao nos ver e, com seu usual bom sentimento, trouxe vários presentes (peles de lontra que são muitíssimo valiosas para eles) para seus velhos amigos. – O capitão se ofereceu para levá-lo à Inglaterra, o que, para nossa surpresa, ele recusou de imediato: à noite sua jovem esposa veio em seu apoio e nos mostrou a razão: Ele estava muito satisfeito; ano passado, no auge de sua indignação, ele disse: "O povo de seu país não *sabe** nada. – malditos idiotas"; agora eles eram pessoas muito boas, com comida *demais* e todos os luxos da vida.

Darwin para E.C. Darwin,
6 abr 1834, DCP 242

O *Beagle* passou uma parte do último mês de novembro em Otaheite ou Taiti. ... O sr. Darwin e eu desembarcamos em meio a uma multidão de almas divertidas, alegres, a maior parte delas mulheres e crianças. O sr. Wilson, um missionário que chegou no navio *Duff* mais de trinta anos atrás, estava no local do desembarque e nos acolheu em sua casa. As maneiras livres, alegres, dos nativos, que se reuniram junto à porta e tomaram posse sem cerimônia dos assentos vazios, fosse em cadeiras ou no chão, mostraram que eles estavam à vontade com seu instrutor, e que o isolamento grosseiro, ou distância fingida, não fazia parte de seu sistema.

FitzRoy e Darwin, 1836, 224-5

---

* Em espanhol no original. (N.T.)

Parece estar esquecido por aquelas pessoas [críticos dos missionários] que sacrifícios humanos – a guerra mais sangrenta – parricídio – e infanticídio – o poder de um sacerdócio idólatra – e um sistema de devassidão sem paralelo nos anais do mundo – foram abolidos – e que desonestidade, licenciosidade e intemperança foram enormemente reduzidas pela introdução do Cristianismo. Em um viajante, é desprezível ingratidão esquecer essas coisas. No momento do naufrágio, quão ardentemente ele desejará que a lição do missionário tenha se estendido até o lugar em que espera ser lançado!

FitzRoy e Darwin, 1836, 228

Ao pôr do sol, um grupo de uma vintena dos aborígenes negros [na Austrália] passou por ali, cada um carregando, à sua maneira de costume, um feixe de lanças e outras armas. Dando um xelim para um jovem que estava na dianteira, eles foram facilmente detidos e deixaram cair suas lanças, para meu divertimento. Estavam todos parcialmente vestidos, e vários sabiam falar um pouco de inglês; seus semblantes eram bem-humorados e agradáveis; e eles pareciam longe dos seres tão completamente degradados por que costumam ser representados. ... No geral, parecem-me estar alguns graus acima dos Fueguinos na escala da civilização.

Diário de pesquisas, 1839, 519

ARQUIPÉLAGO DE GALÁPAGOS

A história natural deste arquipélago é muito notável: ele parece um pequeno mundo em si mesmo; a maior parte de seus habitantes, tanto vegetais quanto animais, não é encontrada em nenhum outro lugar.

Diário de pesquisas, 1839, 454-5

Afirmaram-me com segurança que os cágados vindos de diferentes ilhas do arquipélago eram ligeiramente diferentes na forma; e que em certas ilhas eles alcançavam um tamanho médio maior que em outras. O sr. Lawson [o governador residente inglês] assegurava ser capaz de dizer de imediato de qual ilha qualquer um deles fora trazido. Infelizmente os espécimes que vieram para a Inglaterra eram pequenos demais para se estabelecer qualquer comparação segura.

Diário de pesquisas, 1839, 465

Eu sempre me divertia, ultrapassando um desses grandes monstros [um cágado] enquanto ele avançava lenta e silenciosamente, ao ver como, de repente, no instante em que eu passava, ele encolhia a cabeça e as pernas, e, emitindo um profundo silvo, tombava no chão com um som forte, como se tivesse sido fulminado. Eu frequentemente me punha sobre suas costas, e então, ao dar algumas batidas na parte traseira do casco, eles levantavam e se punham a andar; – mas eu achava muito difícil manter meu equilíbrio.

Diário de pesquisas, 1839, 465

Devo descrever em maior detalhe a mansidão das aves. Essa disposição é comum a todas as espécies terrestres; a saber, aos tordos-dos-remédios, tentilhões, *sylvicolae*, tiranídeos, pombos e falcões. Não há um que não se aproxime o suficiente para ser morto com uma chicotada, e às vezes, como eu mesmo tentei, com um boné ou um chapéu. A arma de fogo aqui é quase supérflua; pois com a boca de uma eu afastei um falcão do galho de uma árvore. Um dia um tordo-dos-remédios pousou na borda de uma vasilha (feita com o casco de um cágado) que eu segurava na mão enquanto permanecia deitado. Ele começou muito calmamente a beber a água, e me permitiu levantá-lo do chão com o recipiente.

Diário de pesquisas, 1839, 475

Esse lagarto [marinho] é extremamente comum em todas as ilhas por todo o arquipélago. Vive exclusivamente nas praias rochosas e nunca é encontrado, pelo menos nunca o vi, mesmo a dez metros da costa. É uma criatura de aspecto medonho, de uma cor preta escura, estúpido e lerdo em seus movimentos.

Diário de pesquisas, 1839, 466-7

Um dia eu levei um [iguana marinho] para um poço profundo deixado pela maré vazante e joguei-o lá dentro várias vezes, tão longe quanto fui capaz. Ele invariavelmente retornava numa linha reta ao ponto em que eu me encontrava. Nadava perto do fundo, com um movimento muito gracioso e rápido, e ocasionalmente se servia, sobre o solo irregular, das patas. ... Várias vezes capturei esse mesmo lagarto conduzindo-o até um ponto, e embora dotado de poderes tão perfeitos para mergulhar e nadar, nada o induzia a entrar na água; e tantas vezes quantas eu o jogasse nela, voltava da maneira descrita. Talvez esse caso singular de evidente estupidez possa ser explicado pela circunstância de que esse réptil não tem absolutamente nenhum inimigo na costa, ao passo que no mar muitas vezes ele deve ser vítima dos inúmeros tubarões. Por isso, provavelmente impelido por um instinto fixo e hereditário de que a costa é seu lugar de segurança, qualquer que seja a emergência, é ali que se refugia.

Diário de pesquisas, 1839, 468

Esses lagartos [terrestres], como seus irmãos do tipo marítimo, são animais feios; e em razão do ângulo facial baixo, têm uma aparência singularmente estúpida. ... Observei um deles por longo tempo, até que metade de seu corpo estivesse enterrada; então me aproximei e puxei-o pela cauda; em face disso, ele ficou muito espantado, e logo se arrastou para cima a fim de ver qual era o problema; então me encarou, como para dizer: "O que fez você puxar minha cauda?"

Diário de pesquisas, 1839, 469-70

Quando recordo o fato de que, pela forma do corpo, formato das escamas e tamanho, os espanhóis podem imediatamente declarar de qual ilha qualquer cágado foi trazido; quando vejo essas ilhas uma diante da outra, e possuidoras de apenas uma reduzida provisão de animais, ocupadas por essas aves, mas diferindo ligeiramente em estrutura e enchendo o mesmo lugar na Natureza; devo suspeitar que elas são somente variedades. O único fato similar de que tenho conhecimento é a diferença constantemente afirmada – entre a Raposa lupina das ilhas Falkland Oriental e Ocidental. – Se houver o mais ligeiro fundamento para essas observações, a zoologia dos Arquipélagos – será muito merecedora de exame; pois tais fatos solapariam a estabilidade das Espécies.

Notas ornitológicas, 262

Nunca me ocorreu que as produções de ilhas separadas por apenas alguns quilômetros, e colocadas sob as mesmas condições físicas, seriam dissimilares. Por esse motivo não tentei fazer uma série de espécimes das diferentes ilhas. É destino de todo viajante, ao descobrir o objeto mais particularmente merecedor de sua atenção, ser obrigado a deixá-lo às pressas.

Diário de pesquisas, 1839, 474

O arquipélago é um pequeno mundo em si mesmo, ou melhor, um satélite preso à América, de onde obteve alguns colonos extraviados e recebeu o caráter geral de suas produções nativas. … Por isso, tanto no espaço quanto no tempo, parece que somos levados para um pouco mais perto daquele grande fato – aquele mistério dos mistérios –, a primeira aparição de novos seres nesta terra.

Diário de pesquisas, 1845, 377-8

Vendo essa gradação e diversidade de estrutura num grupo de aves pequeno e intimamente relacionado, poder-se-ia realmente imaginar que, a partir de uma escassez original de aves neste arquipélago, uma espécie foi tomada e modificada para diferentes fins.

Diário de pesquisas, 1845, 380

PARTE II

CASAMENTO E TRABALHO CIENTÍFICO

Darwin e seu filho William, daguerreótipo, artista desconhecido, 1842.

NOTAS SOBRE ESPÉCIES

Depois de meu retorno à Inglaterra, pareceu-me que, seguindo o exemplo de [Charles] Lyell em geologia e reunindo todos os fatos que se relacionassem de alguma maneira com a variação de animais e plantas sob domesticação e [na] natureza, talvez se pudesse lançar alguma luz sobre todo o assunto. Meu primeiro caderno foi começado em julho de 1837. Trabalhei com base em verdadeiros princípios baconianos e, sem nenhuma teoria, reuni fatos numa escala indiscriminada, mais especialmente com respeito a produções domesticadas, segundo investigações impressas, conversa com criadores e jardineiros habilidosos e extensa leitura. ... Logo percebi que a seleção era a pedra de toque do sucesso do homem na criação de raças úteis de animais e plantas. Mas como a seleção poderia ser aplicada a organismos vivendo num estado de natureza, isso continuou por algum tempo um mistério para mim.

Autobiografia, 119-20

Andei um pouquinho ocupado com espécies de aves, e as passagens de formas parecem de fato espantosas – tudo é arbitrário; não há dois naturalistas que concordem em qualquer ideia fundamental que eu possa enxergar.

Darwin para Charles Lyell,
30 jul 1837, DCP 367

Nos últimos tempos, andei tristemente tentado a ficar ocioso, isto é, no que diz respeito à pura geologia, pelo delicioso número de novas concepções que têm surgido, densa e constantemente, sobre a classificação, as afinidades e os instintos dos animais – relacionadas à questão de espécies – caderno após caderno foi preenchido com fatos que começam a se agrupar *claramente* sob subleis.

Darwin para Charles Lyell,
[14] set [1838], DCP 428

Em julho [de 1837] abri o primeiro caderno sobre "Transmutação de Espécies". – Tinha ficado enormemente impressionado desde o último mês de março com o caráter de fósseis s. americanos – e espécies no Arquipélago de Galápagos. – Esses fatos são a origem (sobretudo o último) de todos os meus pontos de vista.

Diário de Darwin, 7

É absurdo falar de um animal superior a outro.

Caderno de anotações B, 74

Como [John] Gould observou para mim, a "beleza das espécies é sua exatidão", mas as variedades conhecidas não fazem o mesmo, Não podemos criar dez mil galgos, e não serão eles galgos?

Caderno de anotações B, 171

As pessoas falam frequentemente do evento maravilhoso da aparição do Homem intelectual – a aparição de insetos com outros sentidos é mais maravilhosa.

Caderno de anotações B, 206

Por que é o pensamento, sendo ele uma secreção do cérebro, mais maravilhoso que a gravidade, uma propriedade da matéria? É nossa arrogância, nossa admiração por nós mesmos.

Caderno de anotações C, 166

Amor ao efeito de divindade da organização. Ó você, Materialista!

Caderno de anotações C, 166

O homem em sua arrogância considera-se uma grande obra, merecedor da interposição de uma divindade, mais humilde e creio verdadeiro considerá-lo criado a partir de animais.

Caderno de anotações C, 196-7

Pode-se dizer que há a força de cem mil cunhas tentando forçar todo tipo de estrutura adaptada nas brechas da economia da natureza, ou melhor, formando brechas ao empurrar para fora outras mais fracas. A causa final de todos esses encaixes deve ser organizar a estrutura apropriada e adaptá-la à mudança.

Caderno de anotações D, 135

Aquele que compreendesse [o] babuíno faria mais para a metafísica que Locke.

Caderno de anotações M, 84e

Nossa descendência, portanto, é a origem de nossas paixões maléficas!! – O Diabo sob a forma de Babuíno é nosso avô!

Caderno de anotações M, 123

Erasmus [irmão de Darwin] diz do *Fédon* [de Platão] que nossas "ideias necessárias" surgem da preexistência da alma, não são deriváveis da experiência. – substitua preexistência por macacos.

Caderno de anotações M, 128

8 de outubro. Jenny [o orangotango no zoo de Londres] estava se divertindo arrancando a palha das espigas de milho com os dentes; e exatamente como uma criança, sem saber o que fazer com elas, veio várias vezes, abriu minha mão e as pôs nela – como a criança.

Caderno de anotações N, 13

Durante o verão de 1839 e, acredito, durante o verão anterior, fui levado a me ocupar da fertilização cruzada de flores com a ajuda de insetos, por ter chegado à conclusão, em minhas especulações sobre as origens das espécies, de que o cruzamento desempenhava um importante papel ao manter as formas específicas constantes. Ocupei-me do assunto mais ou menos durante cada verão subsequente; e meu interesse por ele foi grandemente ampliado por ter obtido e lido, em novembro de 1841, a conselho de Robert Brown, um exemplar do maravilhoso livro de C.K. Sprengel, *Das entdeckte Geheimnis der Natur* [Revelação do segredo da natureza na forma e fertilização das flores].

Autobiografia, 127

28 [de setembro de 1838]. Mesmo a linguagem vigorosa de [Augustin] De Candolle não transmite a guerra das espécies como inferência de Malthus. – o aumento dos brutos deve ser impedido unicamente por controles positivos, excetuando que a fome pode estancar o desejo. – na natureza, a produção não aumenta enquanto nenhum controle prevalece, a não ser o controle positivo da fome e consequentemente da morte. Não duvido que alguém, mesmo que pense profundamente, tenha suposto que o aumento de animais [é] exatamente proporcional ao número [daqueles] que podem viver.

Caderno de anotações D, 134e

Em outubro de 1938, isto é, quinze meses depois de começar minha investigação sistemática, li por acaso, para me divertir, [Thomas Robert] Malthus sobre *População*, e estando bem preparado para entender a luta pela existência que perdura em toda parte com base em prolongada observação dos hábitos de animais e plantas, ocorreu-me de imediato que, sob essas circunstâncias, variações favoráveis tenderiam a ser preservadas, e as desfavoráveis, a ser destruídas. O resultado disso seria a formação de uma nova espécie. Aqui, portanto, eu tinha finalmente obtido uma teoria com que trabalhar.

Autobiografia, 120

CASAMENTO

Quanto a uma esposa, este que é o espécime mais interessante em toda a série de animais vertebrados, só a Providência sabe se algum dia irei capturar uma ou ser capaz de alimentá-la, se apanhada. Todas essas considerações estão escondidas longe no futuro, mas, no fim de uma visão distante, às vezes vejo um chalé e um objeto branco como uma anágua, que sempre expulsa granito e basalto preto da minha cabeça da maneira mais antifilosófica.

Darwin para C.T. Whitley,
[8 mai 1838], DCP 411A

Esta é a questão.

Casar

Filhos – (se Prouver a Deus) – Companhia constante (e amiga na velhice) que se sentirá interessada por nós – objeto para ser amado e com que brincar – melhor que um cachorro, de qualquer maneira. ... Meu Deus, é intolerável pensar em passar sua vida inteira, como uma abelha operária, trabalhando, trabalhando, e nada depois de tudo. – Não, não bastará. – Imagine viver todos os seus dias solitário em Casa, em Londres, suja e enfumaçada. – Imagine apenas para si mesmo uma esposa agradável e suave num sofá, com um bom fogo, e livros, e música, talvez – Compare essa visão com a realidade encardida de

Grt. Marlbro' St. [a casa de Londres onde ele estava morando]
Casar – Casar – Casar Q.E.D.

Não Casar
Liberdade para irmos aonde quiséssemos – escolha de companhia e *pouca* – Conversa de homens inteligentes em clubes. Não obrigado a visitar parentes e submeter-se em todas as ninharias – ter a despesa e ansiedade de filhos – talvez brigando – Perda de tempo. – não poder ler à Noite – gordura e ociosidade – Ansiedade e responsabilidade – menos dinheiro para livros etc. – se muitos filhos, forçado a ganhar seu pão... Ó não! Eu nunca saberia Francês – ou veria o Continente – ou iria à América, ou subiria num balão, ou faria uma viagem solitária ao País de Gales – pobre escravo. – você será pior que um negro – E depois, horrível pobreza (a menos que a esposa fosse melhor que um anjo e tivesse dinheiro) – Não tem importância meu rapaz – Anime-se – Não se pode viver essa vida solitária, com velhice aturdida, sem amigos e fria, e sem filhos nos encarando, já começando a enrugar. – Não tem importância, confie no acaso – mantenha-se alerta – Há muitos escravos felizes.

[jul 1838], *Correspondência*, vol.2, 444-5

11 de novembro. [1838] Domingo. O dia dos dias!

Diário de Darwin, 8

Minha querida Emma [Emma Wedgwood, prima de Darwin], beijo-lhe com toda humildade e gratidão as mãos, que tanto encheram para mim a taça da felicidade. – É meu mais sincero desejo que eu possa me tornar digno de você.

Emma Darwin, 1904, vol.1, 417

Minha razão me diz que dúvidas [religiosas] honestas e responsáveis não podem ser consideradas pecado, mas sinto que seria um vazio doloroso entre nós. Agradeço-lhe de coração por sua franqueza comigo, e temeria a sensação de que você estava escondendo suas opiniões por medo de me fazer sofrer.

Emma Wedgwood para Darwin,
[21-22 nov 1838], DCP 441

Acredito, a partir de sua descrição de sua própria ideia, que você só me considerará um espécime do gênero (não sei em que *simia** acredito). Você estará formando teorias sobre mim, e se eu estiver de mau humor ou irritada, apenas considerará "O que isso prova". O que será uma maneira muito grandiosa e filosófica de considerá-lo.

Emma Wedgwood para Darwin,
[23 jan 1839], DCP 492

O estado de espírito que desejo preservar em relação a você é sentir que enquanto você está agindo conscienciosamente, e

* Na obra *Sistema Naturae*, Carlos Lineu dividiu a ordem dos primatas nos gêneros *Homo, Simia, Lemur* e *Vespertilio*. (N.T.)

desejando sinceramente, e tentando aprender a verdade, não pode estar errado. ... Parece-me também que a linha de suas buscas pode tê-lo levado a ver principalmente as dificuldades em um lado, e que você não teve tempo para considerar e estudar a cadeia de dificuldades no outro, mas acredito que você não considera suas opiniões como algo formado. Que o hábito nas atividades científicas de não acreditar em nada até que esteja provado não influencie demais sua mente em outras coisas que não podem ser provadas da mesma maneira, e que, se verdadeiras, estão provavelmente acima de nossa compreensão.

Emma Darwin para Darwin,
[c. fev 1839]

Quando eu estiver morto, saiba que muitas vezes beijei e chorei por causa disso. C.D.

Anotação de Darwin,
in Barlow, 1958, 236-7

Mem.:* a linda carta dela para mim, preservada em segurança, pouco depois de nosso casamento.

Autobiografia, 97

---

* Refere-se à coleção privada de correspondências de Emma Darwin, trocadas entre ela e a família. Ver H. Litchfield, *Emma Darwin, Wife of Charles Darwin. A Century of Family Letters*, 1904 (N.E).

Arrisco-me a dizer que nem uma palavra deste bilhete é realmente minha; é tudo hereditário, exceto meu amor por você, o qual eu pensaria que não o poderia ser, mas quem sabe?

Darwin para Emma Darwin,
[20-21 mai 1848], DCP 1176

Nossa querida velha mãe [Emma Darwin], que, como você bem sabe, é boa como ouro duas vezes refinado. Conserve-a como um exemplo diante dos seus olhos, e depois [Richard] Litchfield irá, em anos futuros, adorá-la, e não somente amá-la, como adoro nossa querida velha mãe.

Darwin para sua filha Henrietta por ocasião do
casamento dela com Richard Litchfield,
4 set [de 1871], DCP 7922

Ela foi minha maior bênção, e posso declarar que em toda a minha vida nunca a ouvi pronunciar uma palavra que eu preferia não ter sido dita. Ela nunca falhou na mais bondosa compaixão para comigo e suportou com a máxima paciência minhas frequentes queixas de problemas de saúde e indisposições. Não acredito que tenha alguma vez perdido uma oportunidade de praticar uma ação bondosa para qualquer pessoa perto dela. Assombro-me com minha boa sorte por ter ela, tão infinitamente superior em todas as qualidades morais, consentido em ser minha esposa. Ela foi minha sábia conselheira e alegre consoladora ao longo de toda a vida, que sem ela teria sido terrível durante um período muito longo em razão da má saúde. Ganhou o amor e a admiração de todas as almas que lhe eram próximas.

Autobiografia, 96-7

UMA TEORIA COM QUE TRABALHAR

Finalmente lampejos de luz surgiram, e estou quase convencido (muito contrariamente à opinião com que comecei) de que as espécies não são (é como confessar um assassinato) imutáveis. ... Acho que descobri (aqui está a presunção) a maneira simples pela qual as espécies se tornam primorosamente adaptadas a vários fins.

Darwin para J.D. Hooker,
[11 jan 1844], DCP 729

Em muitos gêneros de insetos, e conchas, e plantas, parece quase impossível estabelecer quais são quais. Nas classes mais elevadas há menos dúvidas; embora encontremos considerável dificuldade para verificar o que merece ser chamado de espécie entre raposas e lobos, e em algumas aves, por exemplo, no caso da coruja-das-torres branca. Quando espécimes são trazidos de diferentes partes do mundo, com que frequência os naturalistas discutem essa mesma questão, como descobri em relação às aves trazidas das ilhas Galápagos.

Ensaio, 1844, 82

Suponhamos agora um Ser com penetração suficiente para perceber diferenças na organização externa e mais recôndita, inteiramente imperceptíveis para o homem, e com premeditação estendendo-se por séculos futuros, para observar com infalível cuidado e selecionar para qualquer finalidade a prole de um organismo produzido sob as condições anteriores; não posso ver nenhuma razão concebível pela qual ele não poderia formar uma nova raça (ou várias, se ele fosse separar a linhagem do organismo original e trabalhar em várias ilhas) adaptada a novos fins.

Ensaio, 1844, 85

De Candolle, numa eloquente passagem, declarou que toda a natureza está em guerra, um organismo com outro ou com a natureza externa. Vendo a face feliz da natureza, pode-se a princípio duvidar disso; mas a reflexão provará inevitavelmente que [isso] é demasiado verdadeiro. A guerra, contudo, não é constante, mas somente recorrente, num grau leve, em curtos períodos, e mais severamente em períodos mais amplos, ocasionais; e por isso seus efeitos são facilmente ignorados. É a doutrina de Malthus aplicada, na maioria dos casos, com dez vezes mais força. ... Suavize qualquer controle no menor grau, e o poder geométrico de aumento em cada organismo irá instantaneamente aumentar os números médios das espécies favorecidas. A natureza pode ser comparada a uma superfície sobre a qual repousam dez mil cunhas aguçadas, tocando-se umas às outras e empurradas para dentro por golpes incessantes.

Ensaio, 1887-8, 89-90

Ora, pode-se duvidar, a partir da luta que cada indivíduo (ou seus pais) trava para obter a subsistência, que qualquer minúscula variação em estrutura, hábitos ou instintos, adaptando melhor esse indivíduo a novas condições, iria se manifestar em seu vigor e saúde? Na luta ele teria uma melhor *chance* de sobreviver, e aqueles de sua prole que herdassem a variação, por mais leve que fosse, teria melhor *chance* de sobreviver.

Ensaio, 1844, 91

Enquanto as espécies foram pensadas como divididas e definidas por uma barreira intransponível de *esterilidade*, enquanto éramos ignorantes de geologia, e imaginávamos que o *mundo era de curta duração*, e o número de seus habitantes passados [era] pequeno, estávamos justificados em supor criações individuais, ou em dizer, com [William] Whewell, que os princípios de todas as coisas estão ocultos ao homem.

Ensaio, 1844, 248

Minha querida Emma,
Acabo de terminar o esboço de minha teoria das espécies. Se, como acredito, minha teoria é verdadeira, e se ela for aceita mesmo que por um único juiz competente, será um considerável passo na ciência. Escrevo isso, portanto, no caso de minha súbita morte, como meu mais solene e último pedido, o qual estou certo de que você irá considerar tal como se estivesse legalmente introduzido em meu testamento, e que você dedicará quatrocentas libras à sua publicação.

Darwin para Emma Darwin,
5 jul 1844, DCP 761

Detesto discussões a partir de resultados, mas, em minha visão da descendência, realmente a Hist. Nat. torna-se uma matéria sublimemente grandiosa, que dá resultados (agora você pode me interrogar por um disparate tão tolo).

Darwin para J.D. Hooker,
[11-12 jul 1845], DCP 889

Quão penosamente (para mim) verdadeira é sua observação de que ninguém tem direito de examinar a questão das espécies caso não tenha examinado muitas [outras] minuciosamente. ... Meu único consolo é (pois pretendo me embrenhar no assunto) que tenho me dedicado a vários ramos da Hist. Nat., tenho visto bons homens específicos entenderem minhas espécies e sei um pouco de geologia; (uma união indispensável), e embora eu vá ganhar mais pontapés que meios centavos, irei, durante a vida toda, empreender meu trabalho.

Darwin para J.D. Hooker,
[10 set 1845], DCP 915

De setembro de 1854 em diante dediquei todo o meu tempo a organizar minha enorme pilha de anotações, a observar e experimentar a transmutação de espécies. Durante a viagem do *Beagle* eu ficara profundamente impressionado ao descobrir na formação pampiana grandes animais fósseis cobertos com couraça como aquela dos tatus [hoje] existentes; em segundo lugar, pela maneira como animais estreitamente relacionados se substituem uns aos outros quando se avança para o sul pelo

Continente; e em terceiro lugar, pelo caráter sul-americano da maior parte das produções do arquipélago de Galápagos, e mais especialmente pela maneira como diferem ligeiramente em cada ilha do grupo; e nenhuma dessas ilhas parece muito antiga num sentido geológico. Era evidente que fatos como esses, bem como muitos outros, podiam ser explicados com base na suposição de que as espécies se modificam gradualmente; e o assunto me obsedou.

Autobiografia, 118-9

14 de maio [de 1856]. Comecei, a conselho de Lyell, a escrever esboço sobre espécies.

Diário de Darwin, 14

Mas naquela época eu subestimava um problema de grande importância. ... Esse problema é a tendência dos seres orgânicos originários da mesma linhagem a divergir em caráter à medida que se modificam. Que eles divergiram enormemente, [isso] é óbvio pela maneira como espécies de todos os tipos podem ser classificadas sob gêneros, gêneros sob famílias, famílias sob subordens, e assim por diante; e posso lembrar o próprio ponto na estrada, estando eu em minha carruagem, quando, para minha alegria, a solução me ocorreu; e isso foi muito depois de eu ter vindo para Down. A solução, acredito, é que a prole modificada de todas as formas dominantes e crescentes tende a se tornar adaptada a muitos lugares, extremamente diversificados na economia da natureza.

Autobiografia, 120-1

Que livro um capelão do Diabo poderia escrever sobre os funcionamentos desajeitados, perdulários, desastradamente abjetos e horrivelmente cruéis da natureza!

Darwin para J.D. Hooker,
13 jul [1856], DCP 1924

Chegará o tempo, eu creio, embora eu não vá viver para vê-lo, em que teremos árvores genealógicas muito aproximadamente verdadeiras de cada grande reino da natureza.

Darwin para T.H. Huxley,
26 set [1857], DCP 2143

Estou como Creso esmagado por minhas riquezas em fatos. E pretendo tornar meu Livro tão perfeito quanto possível. Não irei para o prelo antes de alguns anos, no mínimo.

Darwin para W.D. Fox,
8 fev [1857], DCP 2049

A meu ver, dizer que as espécies foram criadas desta e daquela maneira não é nenhuma explicação científica, somente uma forma reverente de dizer que é desta e daquela maneira.

Darwin para Asa Gray,
20 jul [1857], DCP 2125

Instalei uma Mesa de Bilhar e acho que ela me faz muito bem, e expulsa as horrendas espécies da minha cabeça.

Darwin para W.D. Fox,
24 [mar 1859], DCP 2436

É um mero trapo de hipótese com tantas falhas e buracos quanto partes íntegras. – Minha questão é se o trapo vale alguma coisa. Julgo que, mediante tratamento cuidadoso, posso carregar nele minhas frutas para o mercado por uma curta distância, numa estrada suave; mas temo que você dê no pobre trapo uma sacudida tão terrível que ele se desintegre todo em átomos; e um pobre trapo é melhor que nada para transportar nossas frutas para o mercado – Portanto, não seja demasiado feroz.

Darwin para T.H. Huxley,
2 jun [1859], DCP 2466

Não posso expressar com excessiva força minha convicção acerca da verdade geral de minhas doutrinas, e Deus sabe que nunca me furtei a uma dificuldade.

Darwin para Charles Lyell,
20 set [1859], DCP 2492

Admito plenamente que há muitas dificuldades não satisfatoriamente explicadas por minha teoria da descendência com modificação, mas não posso acreditar que uma teoria falsa explicasse tantas classes de fatos, como acho que ela decerto explica. – Com base nisso, lanço minha âncora e acredito que as dificuldades desaparecerão lentamente.

Darwin para Asa Gray,
11 nov [1859], DCP 2520

FILHOS

William: Desafio qualquer pessoa a nos lisonjear a propósito de nosso bebê – porque desafio qualquer um a dizer alguma coisa em seu louvor de que não estejamos plenamente conscientes. – Ele é um menino encantador, e eu não tinha a menor ideia de que houvesse tanta coisa num bebê de cinco meses. – Você perceberá, por isso, que tenho um bom grau de fervor paternal.

Darwin para W.D. Fox,
[7 jun 1840], DCP 572

William: Vi o primeiro sintoma de timidez em meu filho quando tinha quase dois anos e três meses: esta foi demonstrada em relação a mim mesmo, após uma ausência de casa de dez dias, principalmente por seus olhos sempre um pouco desviados dos meus; mas ele logo se aproximou, sentou no meu colo e me beijou, e todos os traços de timidez desapareceram.

Darwin, 1877, 292

William: É contudo extremamente difícil provar que nossos filhos reconhecem instintivamente qualquer expressão. Prestei atenção a esse aspecto em meu primeiro filho, que não poderia ter aprendido nada por associação com outras crianças, e fiquei convencido de que ele compreendia um sorriso e sentia prazer ao vê-lo, respondendo-lhe com outro, em idade muito precoce para ter aprendido qualquer coisa por experiência. Quando essa criança tinha cerca de quatro meses, fiz em sua presença muitos ruídos bizarros e caretas estranhas, e tentei parecer selvagem; mas os ruídos, se não fossem altos demais, bem como as caretas, eram todos tomados por boas piadas; e atribuí isso na época ao fato de serem precedidos ou acompanhados por sorrisos. Aos cinco meses, ele parecia entender uma expressão e um tom de voz compassivos.

Expressão, 359

Anne: Outro de meus filhos, uma menininha, quando tinha exatamente um ano, não era nem de longe tão perspicaz, e parecia muito perplexa diante da imagem de uma pessoa no espelho, aproximando-se dela por trás. Os símios superiores que submeti a prova com um espelho pequeno se comportavam de maneira diferente; eles punham as mãos atrás do espelho, e com isso mostravam seu entendimento, mas, longe de sentir prazer ao olhar para si mesmos, ficavam irritados e não olhavam mais.

Darwin, 1877, 290

Anne: Ela foi para seu sono final muito tranquilamente, muito suavemente, hoje, às doze horas. Nossa pobre querida filha teve uma vida muito curta, mas acredito que feliz, e só Deus sabe que sofrimentos estariam reservados para ela. Expirou sem um suspiro. Como nos deixa desolados pensar em suas maneiras francas e cordiais. Estou tão agradecido pelo daguerreótipo. Não consigo me lembrar de jamais ter visto a querida criança desobediente. Deus a abençoe.

Darwin para Emma Darwin,
[23 abril 1851], DCP 1412

George: Georgy passou o dia todo desenhando navios ou soldados, mais especialmente tambores, sobre os quais falará enquanto houver alguém para escutá-lo.

Darwin para W.E. Darwin,
3 out [1851], DCP 1456

Charles: Foi por completa inadvertência que não escrevi para lhe contar que Emma gerou sob o abençoado Clorofórmio nosso sexto Menino, quase dois meses atrás. Aposto que você achará apenas meia dúzia de Meninos uma mera piada; mas há uma rotundidade na meia dúzia que é tremendamente séria para mim. – Meu Deus, pensar em todas as idas à Escola e nas Profissões, mais tarde: é terrível.

Darwin para W.D. Fox,
8 fev [1857], DCP 2049

Charles: Foi o mais abençoado alívio ver seu pobre rostinho inocente recobrar sua doce expressão no sono da morte. – Graças a Deus ele nunca mais vai sofrer neste mundo.

Darwin para J.D. Hooker,
[29 jun 1858], DCP 2297

Francis: Lembro-me de velhos tempos pelo fato de meu terceiro Menino ter começado a colecionar Besouros, e ele apanhou outro dia um *Brachinus crepitans* de imortal memória de Whittlesea Mere [lago no sul da Inglaterra]. – Meu sangue ferveu com o antigo ardor quando ele apanhou um *Licinus* – um prêmio que me era desconhecido.

Darwin para W.D. Fox,
13 nov [1858], DCP 2360

Francis, Leonard e Horace Darwin: Nós três, colecionadores muito jovens, apanhamos ultimamente, na paróquia de Down, a 9,6 quilômetros de Bromley, Kent, os seguintes besouros, que acreditamos ser raros: *Licinus silphoides, Panagus 4-pustulatus* e *Clytus mysticus*. Como esta paróquia fica a apenas 24 quilômetros de Londres, achamos que os senhores poderiam considerar que vale a pena inserir esta pequena notícia no "Intelligencer".

Darwin para *Entomologist's Weekly Intelligencer*, 25 jun 1859, 99

Leonard: Tenho um menino com a mania de colecionar, e [a mania] assumiu a pobre forma de colecionar selos Postais: ele é terrivelmente ávido por "Well, Fargo & Co Pony Express 2d & 4d stamp", e num menor grau por "Blood's 1. Penny Envelope, 1, 3 & 10 cents". Se você lhe der esse presente estará ofertando ao meu querido homenzinho tanto prazer quanto um gênero novo e curioso dá a nossas velhas almas.

Darwin para Asa Gray,
10-20 jun 1862, DCP 3595

Horace: Horace me disse ontem: "Se todo mundo matasse víboras, elas iriam picar menos." Respondi: "Claro que iriam, pois haveria menos." Ele retrucou indignado: "Não quis dizer isso; mas as víboras tímidas que se safassem seriam salvas, e com o tempo elas nunca mais picariam." Seleção natural de covardes!

Darwin para John Lubbock,
5 set [1862], DCP 3713

Henrietta: Desde seus primeiros anos você me deu tanto prazer e felicidade que bem merece toda a felicidade possível em retribuição; e acredito que você está no caminho certo para obtê-la. – Eu era seu preferido antes mesmo do tempo de que se pode lembrar. Quão bem posso recordar como eu ficava orgulhoso quando, em Shrewsbury, após a ausência de uma semana ou uma quinzena, você se aproximava e sentava no meu joelho, e lá ficava por um longo tempo, parecendo tão solene quanto um pequeno juiz. – Bem, é um fato espantoso e estarrecedor que você esteja casada; e vou sentir muito a sua falta. ... Não vou vê-la como uma mulher realmente casada até que você esteja em sua própria casa. É a mobília que conta.

Darwin para Henrietta (Darwin) Litchfield,
4 set [1871], DCP 7922

Minha principal objeção a elas [escolas particulares] como lugares de educação é a enorme proporção de tempo despendida com clássicos. Imagino (embora talvez seja apenas imaginação) que posso perceber o efeito desfavorável e restritivo sobre a mente de meu Menino mais velho, refreando o interesse em qualquer coisa em que raciocínio e observação entrem em jogo. – Certamente estarei atento a alguma escola com estudos mais diversificados para meus Meninos mais novos.

Darwin para W.D. Fox,
17 jul [1853], DCP 1522

Fui de fato extremamente feliz em minha família, e devo dizer a vocês, meus filhos, que nenhum de vocês jamais me deu um minuto de ansiedade, exceto por motivo de saúde. Há, eu suspeito, muito poucos pais de cinco filhos que poderiam dizer isso com inteira verdade. Quando vocês eram muito jovens, era meu deleite brincar com todos vocês, e acho, com um suspiro, que esses tempos nunca irão voltar. Desde seus primeiros dias até agora, quando vocês são adultos, vocês todos, filhos e filhas, foram sempre extremamente agradáveis, compreensivos e afetuosos conosco e uns com os outros. Quando todos, ou a maioria de vocês, estão em casa (como, graças a Deus, acontece com muita frequência), nenhuma festa pode ser, segundo o meu gosto, mais agradável, e não desejo outra companhia.

Autobiografia, 97

POMBOS

Eu desejaria que você publicasse um pequeno fragmento de seus dados, pombos, por favor, e portanto ponha para fora a teoria e deixe-a ser datada – e ser citada – e compreendida.

Charles Lyell para Darwin,
1-2 mai 1856, DCP 1862

Tenho agora uma grande coleção de Pombos vivos e mortos; e sou unha e carne com todos os tipos de Criadores, tecelões de Spitalfield e todos os tipos de espécimes excêntricos da espécie Humana que gostam de Pombos.

Darwin para J.D. Dana,
29 set [1856], DCP 1864

Considerei meu cuidadoso trabalho com Pombos realmente inestimável por me esclarecer muitos aspectos sobre variação sob domesticação.

Darwin para W.D. Fox,
3 out [1856], DCP 1867

Sentei-me uma noite num *gin-palace** no Borough [sudeste de Londres], no meio de um grupo de criadores de pombos – quando se insinuou que o sr. Bult tinha cruzado seus Powters

* Antigos bares vistosamente decorados especializados em gim. (N.T.)

com Runts para ganhar tamanho; e, se você tivesse visto as sacudidas de cabeça solenes, misteriosas e medonhas que todos os criadores deram ante esse escandaloso procedimento, teria reconhecido quão pouco o cruzamento teve a ver com o melhoramento de raças, e quão perigoso para intermináveis gerações era o processo. – Tudo isso foi ficando perfeitamente claro, de maneira muito mais vívida que por páginas de meras declarações etc.

Darwin para T.H. Huxley,
27 nov [1859], DCP 2558

Espero que lady Lyell e você se lembrem, quando quiserem e tiverem tempo, de um pequeno repouso, a que ponto ficaríamos felizes de vê-los aqui, e vou lhe mostrar meus pombos! o que é o maior agrado, em minha opinião, que pode ser oferecido ao ser humano.

Darwin para Charles Lyell,
4 nov [1855], DCP 1772

Sir Charles [Lyell] recomendou com insistência a publicação das observações do sr. D. sobre pombos, que ele me informa serem curiosas, engenhosas e valiosas no maior grau, acompanhadas por um breve relato de seus princípios gerais. ... Todo mundo está interessado em pombos.

Whitwell Elwin para John Murray,
3 mai 1859, DCP 2457 A

No total, pelo menos uma vintena de pombos poderia ser escolhida, os quais, se mostrados a um ornitologista, e ele fosse informado de que eram aves silvestres, iriam certamente, acho eu, ser classificados por ele como espécies bem-definidas. Além disso, não acredito que nenhum ornitologista colocasse o *English carrier*, o *short-faced tumbler*, o *runt*, o *barb*, o *pouter* e o pombo-da-cauda-de-leque no mesmo gênero; mais especialmente, visto que em cada uma dessas raças, várias sub-raças verdadeiramente herdadas, ou espécies, como ele as poderia ter chamado, lhe seriam mostradas. Por maiores que sejam as diferenças entre as raças de pombos, estou inteiramente convencido de que a opinião comum dos naturalistas está correta, a saber, que todas descenderam do pombo comum (*Columba livia*).

Origem das espécies, 1859, 22-23

Debati a provável origem dos pombos domésticos com algum detalhe, ainda que muito insuficiente; porque quando comecei a criar pombos e observava os vários tipos, sabendo bem como eles se reproduzem fielmente, senti tanta dificuldade em acreditar que eles poderiam jamais ter descendido de um progenitor comum quanto qualquer naturalista sentiria de chegar a uma conclusão similar em relação às muitas espécies de tentilhões, ou outros grandes grupos de aves, na natureza.

Origem das espécies, 1859, 28

Aquele criador extremamente habilidoso, sir John Sebright, costumava dizer, com relação a pombos, que "ele produziria qualquer pena dada em três anos, mas lhe seriam necessários seis anos para obter cabeça e bico".

Origem das espécies, 1859, 32

A crença de que as principais raças domésticas são provenientes de várias linhagens silvestres surgiu sem dúvida da aparente improbabilidade de modificações tão grandes de estrutura terem se efetuado desde que o homem domesticou pela primeira vez o pombo comum. Tampouco fico surpreso diante do grau de hesitação em admitir sua origem comum: anteriormente, quando eu entrava em meus aviários e observava aves como *pouters*, *carriers*, *barbs*, pombo-da-cauda-de-leque e *short-faced tumblers* etc., não conseguia me convencer de que elas eram todas provenientes da mesma linhagem silvestre, e de que o homem, consequentemente, em certo sentido, havia criado essas extraordinárias modificações.

Variação, 1868, vol.1, 203-4

CRACAS

Quando estava na costa do Chile encontrei uma forma extremamente curiosa, que se entocava nas conchas de Concholepas e que diferia tanto de todos os outros Cirrípides, que tive de criar uma nova subordem unicamente para abrigá-la. Recentemente, um gênero aliado que se entoca foi encontrado na costa de Portugal. Para compreender a estrutura de meu novo Cirrípide tive de examinar e dissecar muitas das formas comuns: e isso me levou gradualmente a começar a estudar todo o grupo. Trabalhei sem cessar sobre o assunto durante os oito anos seguintes, e ultimamente publiquei dois grossos volumes descrevendo todas as espécies vivas conhecidas, e dois finos in-quartos sobre as espécies extintas. Não duvido que sir E. Lytton Bulwer [Edward Bulwer-Lytton] pensava em mim quando introduziu em um de seus romances um professor Long, que tinha escrito dois enormes volumes sobre Lapas.*

Autobiografia, 117

Você é bom para inventar nomes? Tenho um gênero inteiramente novo e curioso de Craca que quero nomear, e como inventar um nome me confunde totalmente.

Darwin para J.D. Hooker,
[2 out 1846], DCP 1003

* Designação comum a diversos pequenos moluscos. (N.T.)

Há um extraordinário prazer na pura observação; mas suspeito que o prazer, nesse caso, provém, ao contrário, de comparações com estruturas aliadas que se formam em nossa cabeça. Depois de tantos anos ocupado em escrever minhas velhas observações geológicas, é delicioso voltar a usar os olhos e os dedos.

Darwin para J.D. Hooker,
[6 nov 1846], DCP 1018

Tenho ultimamente um cirrípide bissexual [com dois sexos], o macho sendo microscopicamente pequeno e parasitário dentro do saco da fêmea. Conto-lhe isso para me gabar de minha teoria das espécies, pois o gênero mais próximo e estreitamente aliado a ele é, como sempre, hermafrodita, mas eu tinha observado alguns minúsculos parasitas aderindo a ele, e esses parasitas, agora posso mostrar, são machos suplementares, sendo os órgãos masculinos no hermafrodita excepcionalmente pequenos, embora perfeitos e contendo zoospermas; portanto, temos quase um animal polígamo, inexistindo simples fêmeas sozinhas.

Darwin para J.D. Hooker,
10 mai 1848, DCP 1174

Eu nunca teria percebido isso se minha teoria das espécies não tivesse me convencido de que uma espécie hermafrodita deve se transformar numa espécie bissexual por estágios insensivelmente pequenos, e aqui o temos, pois os órgãos masculinos no hermafrodita estão começando a desaparecer, e machos independentes já estão formados. Mas mal consigo explicar o que quero dizer, e talvez você deseje que minhas Cracas e a teoria das Espécies vão juntas al Diabolo. Mas não me importo com o que você diga, minha teoria das espécies é todo o evangelho.

Darwin para J.D. Hooker,
10 mai 1848, DCP 1174

Estou agora ocupado em um grande volume, descrevendo a anatomia e todas as espécies de cracas do mundo todo. Não sei se você mora perto do mar, mas, se morar, eu ficaria muito contente se colhesse para mim todas as que adiram (pequenas e grandes) aos rochedos da costa, ou a conchas, ou a corais jogados por vendavais, e as enviasse para mim sem remover os animais, e tomando cuidado com as bases. Você deve se lembrar de que cracas são conchinhas cônicas, com uma espécie de tampa de quatro válvulas na parte superior. Há outras com pedúnculo longo e flexível, fixadas em objetos flutuantes, e às vezes lançadas na costa. Eu ficaria muito contente com quaisquer espécimes, mas não se dê muito trabalho por causa delas.

Darwin para Syms Covington
[assistente de Darwin no *Beagle*],
30 mar 1849, DCP 1237

Outro dia tive o caso curioso de um cirrípede unissexual, e não hermafrodita, em que a fêmea tinha o caráter cirrípede comum, e em duas das válvulas de sua concha tinha duas pequenas cavidades, em *cada* uma das quais mantinha um pequeno marido. Não tenho conhecimento de nenhum outro caso em que a fêmea invariavelmente tenha dois maridos. ... Verdadeiramente os arranjos e maravilhas da natureza são ilimitados.

Darwin para Charles Lyell,
[2 set 1849], DCP 1252

Sou-lhe particularmente grato por chamar minha atenção para sua nota sobre a metamorfose dos cirrípedes na Revista da Silliman,* pois eu não a teria percebido. – Você me antecipou em certa medida, embora não tenhamos exatamente o mesmo ponto de vista sobre as homologias das partes. – Desvendei, acho, a anatomia da larva em considerável detalhe e espero que corretamente.

Darwin para J.D. Dana,
8 out 1849, DCP 1259

Você pergunta que efeito o estudo das espécies teve sobre minhas teorias da variação; não julgo que muito; senti algumas dificuldades a mais; por outro lado fiquei impressionado. ... com a variabilidade de cada parte em algum pequeno grau de cada espécie.

Darwin para J.D. Hooker,
13 jun [1850], DCP 1339

* Referência a *The Silliman Journal*, revista científica bianual publicada pela Universidade Silliman (Dumaguete, Filipinas). (N.T.)

Agradeço-lhe muito sinceramente pelo grande incômodo que se deu para coletar tantos espécimes. Recebi um vasto número de coleções de diferentes lugares, mas nunca uma tão rica de uma só localidade. Um dos tipos é extremamente curioso. É uma nova espécie de um gênero cuja existência só se tem conhecimento de um espécime no mundo, e ele está no Museu Britânico.

Darwin para Syms Covington,
23 nov 1850, DCP 1370

9 de set. [1851] Acabei de empacotar todos os meus Cirrípides, preparando *Balanidae* fósseis, distribuindo exemplares de meu trabalho etc. etc. Ainda tenho algumas provas para *Balanidae* Fósseis da Pal. Soc. [Palaeontological Society] para terminar, talvez mais uma semana de trabalho. Comecei em 1º out., 1846. Em 1º de out. se completarão oito anos desde que comecei! Mas, afinal de contas, perdi um ou dois anos por doença.

Diário de Darwin, 13

Meu trabalho sobre Cirrípedes possui, penso eu, considerável valor, pois, além de descrever várias formas novas e notáveis, decifrei as homologias das várias partes – descobri o sistema de cementação, embora tenha me equivocado terrivelmente em relação às glândulas de cemento – e finalmente provei a existência, em certos gêneros, de diminutos machos que são complementares aos hermafroditas e os parasitam. Esta última descoberta foi afinal plenamente confirmada; embora numa ocasião tenha agradado a um escritor alemão atribuir todo o relato à minha fértil imaginação. Os Cirrípedes formam um grupo de espécies extremamente variável e difícil de classificar; e meu trabalho foi de considerável utilidade para mim, quando tive de discutir na *Origem das espécies* os princípios de uma classificação natural. Contudo, duvido que o trabalho valesse o consumo de tanto tempo.

Autobiografia, 117-8

Para seus filhos, o hábito de trabalhar com cracas parecia uma função humana trivial, como comer ou respirar, e conta-se que um de nós, levado para o gabinete de um vizinho [sir John Lubbock] e não vendo nenhuma mesa de dissecação ou microscópio, perguntou com justificável desconfiança: "Então onde ele faz as suas cracas?"

F. Darwin, 1917, 95

PRECURSORES

Eu o [Robert Grant] conhecia bem; era seco e formal em suas maneiras, mas com entusiasmo sob essa crosta externa. Um dia, quando caminhávamos juntos, ele irrompeu em palavras de elevada admiração por Lamarck e suas ideias sobre evolução. Ouvi em silencioso espanto e, até onde posso julgar, sem nenhum efeito sobre minha mente. Eu tinha lido anteriormente a *Zoonomia* de meu avô [Erasmus Darwin], em que ideias semelhantes são defendidas, mas sem produzir nenhum efeito em mim.

Autobiografia, 49

Deus me proteja do absurdo de Lamarck, de uma "tendência à progressão", "adaptações a partir da lenta vontade de animais" etc. – mas as conclusões a que sou levado não são amplamente diferentes das suas – embora os meios de mudança o sejam inteiramente.

Darwin para J.D. Hooker,
[11 jan 1844], DCP 729

Fui antecipado [por Edward Forbes] em apenas um ponto importante, que minha vaidade sempre me fez lamentar, a saber, a explicação, por meio do período Glacial, da presença das mesmas espécies de plantas e alguns poucos animais em cumes de montanhas distantes e nas regiões árticas.

Autobiografia, 124

Li também o *Vestiges* [o livro evolucionista anônimo de Robert Chambers], mas diverti-me um pouco menos com ele do que você parece ter se divertido: a escrita e a organização são certamente admiráveis, mas sua geologia me parece ruim, e sua zoologia muito pior.

Darwin para J.D. Hooker,
[7 jan 1845], DCP 814

Você leu aquele livro estranho e antifilosófico, mas admiravelmente bem-escrito, o *Vestiges*? Ele provocou mais comentários que qualquer livro ultimamente, e foi atribuído a mim por alguns – com o que eu deveria ficar muito lisonjeado e não lisonjeado.

Darwin para W.D. Fox,
[24 abr 1845], DCP 859

Nenhuma pessoa instruída, nem mesmo a mais ignorante, poderia supor que pretendi arrogar a mim mesmo a origem da doutrina de que as espécies não foram independentemente criadas. A única novidade em meu trabalho é a tentativa de explicar como espécies se tornam modificadas e, em certa medida, como a teoria da descendência explica certas grandes classes de fatos; e nesses aspectos não recebi nenhuma ajuda de meus predecessores.

Darwin para Baden Powell,
18 jan [1860], DCP 2655

Na *Gardeners' Chronicle* de sábado passado, um sr. Patrick Matthews publica um longo extrato de sua obra sobre "Naval Timber & Arboriculture", publicada em 1831, em que ele antecipa breve mas completamente a teoria da Seleção Natural. – Encomendei o Livro, pois algumas poucas passagens são bastante obscuras, mas ele é certamente, acho, uma antecipação completa, conquanto não desenvolvida! Erasmus [irmão de Darwin] sempre disse que decerto seria demonstrado ser esse o caso algum dia. Mesmo assim podemos ser perdoados por não ter descoberto o fato numa obra sobre "Naval Timber".

Darwin para Charles Lyell,
10 abril [1860], DCP 2754

Lamarck foi o primeiro homem cujas conclusões sobre esse assunto suscitaram muita atenção. ... Ele defende a doutrina de que todas as espécies, incluindo o homem, são descendentes de outras espécies. Foi o primeiro a prestar o eminente serviço de despertar a atenção para a probabilidade de que toda mudança no mundo orgânico bem como no inorgânico seja o resultado de lei, e não de interposição milagrosa.

Origem das espécies, 1861, xiii

É curioso quão amplamente meu avô, dr. Erasmus Darwin, antecipou os errôneos fundamentos de opinião e as concepções de Lamarck, em sua "Zoonomia" (vol.i, p.500-10), publicada em 1794. Segundo Isid. Geoffroy [Isidore Geoffroy Saint-Hilaire], não há dúvida de que Goethe era extremamente partidário de concepções similares, como se mostra na Introdução a uma obra escrita em 1794 e 1795, mas só publicada muito depois. Trata-se de um caso bastante singular da forma como concepções similares surgem mais ou menos no mesmo período, que Goethe na Alemanha, dr. Darwin na Inglaterra e Geoffroy Saint-Hilaire (como veremos imediatamente) na França tenham chegado à mesma conclusão sobre a origem das espécies nos anos 1794-95.

Origem das espécies, 1861, xiv, nota

Os "Vestiges of Creation" apareceram em 1844. ... A obra, por seu estilo poderoso e brilhante, embora exibindo nas primeiras edições pouco conhecimento preciso e uma grande falta de prudência científica, teve imediatamente uma circulação muito ampla. Em minha opinião, ela prestou um excelente serviço chamando atenção para o assunto neste país, afastando o preconceito, e assim preparando o terreno para a recepção de opiniões análogas.

Origem das espécies, 1861, xv-xvi

O sr. Herbert Spencer, num Ensaio (originalmente publicado no "Leader", março de 1852, e republicado em seus "Essays" em 1858), comparou as teorias da Criação e do Desenvolvimento de seres orgânicos com notável habilidade e força. Ele advoga, a partir da analogia de produções domésticas, a partir das mudanças que os embriões de muitas espécies sofrem, a partir da dificuldade de distinguir espécies e variedades, e a partir do princípio de gradação geral, que as espécies foram modificadas; e atribui a modificação à mudança de circunstâncias. O autor (1855) também tratou de Psicologia com base no princípio da necessária aquisição de cada poder e capacidade mental por gradação.

Origem das espécies, 1861, xvii

A "Filosofia da Criação" foi tratada de maneira magistral pelo rev. Baden Powell em seus "Essays on the Unity of Worlds", 1855. Nada pode ser mais impressionante que a maneira pela qual ele mostra que a introdução de novas espécies é um "fenômeno regular, não um fenômeno casual", ou, como sir John Herschel o expressa, "um processo natural em contraposição a um processo milagroso".

Origem das espécies, 1861, xviii

Você se refere repetidamente à minha concepção como uma modificação da doutrina de Lamarck de desenvolvimento e progressão; se esta é sua opinião, não há nada a ser dito; – mas ela não parece sê-lo para mim; Platão, Buffon, meu avô antes de Lamarck e outros propuseram o óbvio ponto de vista de que, se as espécies não foram criadas separadamente, elas deviam descender de outras espécies: e não posso ver mais nada em comum entre *A origem das espécies* e Lamarck. Acredito que essa maneira de apresentar o caso é muito prejudicial à sua aceitação [de *A origem das espécies*], pois implica progressão necessária e associa estreitamente as concepções de Wallace e as minhas ao que considero, após duas leituras cuidadosas, um livro deplorável; e um livro com o qual (lembro bem minha surpresa) não ganhei nada.

Darwin para Charles Lyell,
12-13 mar [de 1863], DCP 4038

Foi dito às vezes que o sucesso da *Origem das espécies* provou "que o assunto estava no ar" ou "que a mente dos homens estava preparada para ela". Não penso que isso seja estritamente verdadeiro, pois ocasionalmente sondei não poucos naturalistas e nunca me ocorreu deparar com um só que parecesse ter dúvidas em relação à permanência das espécies. Mesmo Lyell e Hooker, embora me ouvissem com interesse, nunca pareceram concordar. Tentei uma ou duas vezes explicar para homens capazes o que eu entendia por seleção natural, mas fracassei notavelmente. O que acredito ser estritamente verdadeiro é que inúmeros fatos bem-observados estavam armazenados na mente dos naturalistas, prontos para assumir seus lugares apropriados assim que qualquer teoria que os recebesse fosse suficientemente explicada.

Autobiografia, 123-4

DESCOBERTAS INDEPENDENTES

Mas você não deve supor que seu artigo ["On the law which has regulated the introduction of new species", *Annals and Magazine of Natural History*, n.16, 1855, p.184-96] não despertou interesse: dois homens muito bons, sir C. Lyell e o sr. E. Blyth em Calcutá, em especial, chamaram minha atenção para ele. Embora concordando com você em sua conclusão naquele artigo, acredito que vou muito mais longe; mas esse é um assunto muito longo para entrar em minhas noções especulativas. … Minha obra, na qual venho trabalhando há mais ou menos vinte anos, não estabelecerá ou decidirá nada; mas espero que ela venha a ajudar oferecendo uma grande coleção de fatos com um objetivo definido: eu avanço muito lentamente, em parte por má saúde, em parte por ser trabalhador muito lento. – Tenho cerca de metade escrita; mas não julgo que publicarei em menos de uns dois anos.

Darwin para A.R. Wallace,
22 dez 1857, DCP 2192

Cerca de um ano atrás, você me recomendou que lesse um artigo de [Alfred Russel] Wallace nos *Annals*, que o interessara, e quando eu estava escrevendo para ele, sabia que isso lhe daria muito prazer, por isso lhe contei. Hoje ele me enviou o anexo e pediu que eu o encaminhasse a você. Pareceu-me que vale a pena lê-lo. Suas palavras, de que eu seria antecipado, se confirmaram com veemência. Você disse isso quando lhe expliquei aqui [em Down House] muito brevemente minhas concepções de "Seleção Natural" dependendo da Luta pela existência. – Nunca vi coincidência mais impressionante. Se Wallace tivesse meu esboço de manuscrito redigido em 1842 não teria feito um resumo melhor! Até seus termos figuram agora como Títulos de meus Capítulos.

Darwin para Charles Lyell,
18 [jun 1858], DCP 2285

Assim, toda a minha originalidade, o que quer que ela possa significar, será despedaçada.

Darwin para Charles Lyell,
18 [jun 1858], DCP 2285

Eu ficaria *extremamente* satisfeito agora em publicar um esboço de minhas concepções gerais em cerca de uma dúzia de páginas. Mas não consigo me convencer de que posso fazê-lo honrosamente. ... Eu preferiria queimar meu livro a que ele ou qualquer homem pensasse que eu tinha me comportado com um espírito mesquinho.

Darwin para Charles Lyell,
[24 jun 1858], DCP 2294

É horrível de minha parte me preocupar o mínimo que seja com prioridade.

Darwin para J.D. Hooker,
[29 jun 1858], DCP 2298

O sr. Wallace, que está agora explorando a Nova Guiné, enviou-me um resumo da mesma teoria, muito curiosamente coincidente até em expressões. E ele nunca poderia ter ouvido uma palavra de minhas concepções. Instruiu-me a encaminhá-lo para [Charles] Lyell. – Lyell, que está a par de minhas noções, conferenciou com [Joseph D.] Hooker (que leu uns doze anos atrás um longo esboço meu escrito em 1844) e instou-me com muita delicadeza a não me deixar ser inteiramente antecipado e permitir-lhes publicar junto com o artigo de Wallace um resumo do meu; e como a única coisa muito breve que eu tinha escrita era uma cópia de minha carta para você, eu a enviei, e, creio, ela acaba de ser lida (embora nunca tenha sido escrita, e nem seja apropriada para tal finalidade) perante a Linnean Socy.

Darwin para Asa Gray,
4 jul 1858, DCP 2302

Os artigos apensos que temos a honra de comunicar à Linnean Society, e que se relacionam todos com o mesmo assunto, … contêm os resultados das investigações de dois naturalistas infatigáveis, sr. Charles Darwin e sr. Alfred Wallace. Esses cavalheiros, tendo, de maneira independente e sem que um tivesse conhecimento do outro, concebido a mesma teoria muito engenhosa para explicar o aparecimento e a perpetuação de variedades e formas específicas em nosso planeta, podem ambos reivindicar justamente o mérito de serem pensadores originais nessa importante linha de investigação; mas como nenhum dos dois publicou suas concepções, embora o sr. Darwin tenha por muitos anos sido repetidamente instado a fazê-lo, e como ambos os autores agora puseram seus artigos em nossas mãos sem reservas, pensamos que os interesses da ciência seriam mais bem promovidos se uma seleção extraída deles fosse apresentada perante a Linnean Society.

Charles Lyell e J.D. Hooker,
in Darwin e Wallace, 1858, 45

Sempre considerei muito possível eu ter sido antecipado, mas imaginei que tinha uma alma nobre o suficiente para não me importar; mas descobri-me enganado e punido; eu tinha, contudo, me resignado completamente, e tinha escrito a metade de uma carta para Wallace a fim de abrir mão de toda prioridade em favor dele, e certamente não teria mudado não fossem a bondade realmente extraordinária de Lyell e a sua. Asseguro-lhe que o sinto, e não o esquecerei.

Darwin para J.D. Hooker,
13 [jul 1858], DCP 2306

Teria me causado muita dor e pesar se o excesso de generosidade do sr. Darwin o tivesse levado a tornar público o meu artigo desacompanhado por suas próprias concepções muito anteriores e sem dúvida muito mais completas sobre o mesmo assunto, e devo novamente agradecer-lhe pela linha de conduta que o senhor adotou, a qual, embora estritamente justa para ambas as partes, é tão favorável a mim.

Alfred Russel Wallace para J.D. Hooker,
6 out 1858, DCP 2337

Anexo as cartas de Wallace para você e para mim. Admiro extremamente o espírito em que estão escritas. Nunca me senti muito seguro do que ele iria dizer. Ele deve ser um homem amável. Por favor, devolva isso para mim, e Lyell deve ser informado do quanto ele está satisfeito. – Essas cartas me fizeram ver claramente o quanto devo à sua conduta extremamente bondosa e generosa, e de Lyell, em todo este caso.

Darwin para J.D. Hooker,
23 jan [1859], DCP 2403

O sr. Wallace, que está agora estudando a história natural do arquipélago Malaio, chegou quase exatamente às mesmas conclusões que eu sobre a origem das espécies. No ano passado ele me enviou um ensaio sobre o assunto, com um pedido para que eu o encaminhasse a sir Charles Lyell, que o enviou à Linnean Society, e ele está publicado no terceiro volume da Revista daquela sociedade. Sir C. Lyell e o dr. Hooker, que conhecem o meu trabalho – o último tendo lido meu esboço de 1844 –, honraram-me considerando aconselhável publicar, com o excelente ensaio do sr. Wallace, alguns breves extratos de meus manuscritos.

Origem das espécies, 1859, 1-2

O extrato de meu manuscrito e a carta para Asa Gray não tinham, nenhum dos dois, sido destinados a publicação e eram mal-escritos. O ensaio do sr. Wallace, por outro lado, era admiravelmente expresso e muito claro. Ainda assim, nossas produções combinadas despertaram muito pouca atenção, e a única notícia publicada sobre elas de que posso me lembrar foi a do professor Haughton, de Dublin, cujo veredicto foi de que tudo que era novo nelas era falso, e tudo que era verdadeiro era velho.

Autobiografia, 122

O ano que passou … não foi de fato marcado por nenhuma dessas descobertas notáveis que revolucionam de imediato, por assim dizer, o departamento da ciência com que se relacionam.

Thomas Bell, discurso presidencial,
Proceedings of the Linnean Society of London, 1859, viii

PARTE III

A ORIGEM DAS ESPÉCIES

Darwin, fotografia de Maul & Fox, c.1854.

A ORIGEM DAS ESPÉCIES

Quando eu estava a bordo do *HMS Beagle*, como naturalista, fiquei muito impressionado com certos fatos na distribuição dos habitantes da América do Sul e nas relações dos habitantes presentes com os habitantes passados daquele continente. Esses fatos me pareceram lançar alguma luz sobre a origem das espécies – aquele mistério dos mistérios, como foi chamado por um de nossos maiores filósofos.

Origem das espécies, 1859, 1

A Luta pela Existência entre todos os seres orgânicos no mundo inteiro, que decorre inevitavelmente de seus grandes poderes geométricos de se multiplicar, será questionada. Esta é a doutrina de Malthus aplicada à totalidade dos reinos animal e vegetal. Como nascem muito mais indivíduos de cada espécie do que os que podem sobreviver; e como, em consequência, há uma luta muitas vezes recorrente pela existência, segue-se que qualquer ser, se ele variar ainda que ligeiramente de qualquer maneira vantajosa para si mesmo, sob as condições complexas e por vezes instáveis da vida, terá melhor chance de sobreviver, por conseguinte, de ser *naturalmente selecionado*. A partir do forte princípio da herança, qualquer variedade selecionada tenderá a propagar sua forma nova e modificada.

Origem das espécies, 1859, 4-5

Estou plenamente convencido de que as espécies não são imutáveis; mas que aquelas pertencentes aos chamados mesmos gêneros são descendentes lineares de alguma espécie diferente e geralmente extinta, da mesma maneira que as variedades reconhecidas de qualquer espécie são os descendentes dessa espécie. Além disso, estou convencido de que a Seleção Natural foi o meio principal mas não exclusivo de modificação.

Origem das espécies, 1859, 6

Como todas essas refinadas adaptações de uma parte da organização a outra parte e às condições da vida, e de um ser orgânico distinto a outro ser, foram aperfeiçoadas? Vemos essas belas coadaptações com extrema clareza no pica-pau e na erva-de-passarinho; e de maneira apenas um pouco menos clara no mais humilde parasita que se prende aos pelos de um quadrúpede ou às penas de uma ave; na estrutura do besouro que mergulha através da água; na semente emplumada soprada pela brisa mais suave; em suma, vemos belas adaptações em todo lugar e em todas as partes do mundo orgânico.

Origem das espécies, 1859, 60-1

Contemplamos a face da natureza resplandecente de alegria, repetidas vezes vemos superabundância de alimento; não vemos, ou esquecemos, que as aves que estão cantando ociosamente à nossa volta vivem em sua maioria de insetos ou sementes, e por conseguinte estão a cada instante destruindo vida; ou esquecemos quão amplamente esses cantores, ou seus ovos, ou seus filhotes, são destruídos por aves de rapina e predadores; nem sempre temos em mente que, embora o alimento possa agora ser superabundante, não o é em todas as estações de cada ano.

Origem das espécies, 1859, 62

Suavize qualquer controle, atenue a destruição por pouco que seja, e o número das espécies crescerá quase instantaneamente para qualquer quantidade. A face da Natureza pode ser comparada a uma superfície complacente, com dez mil cunhas afiadas apertadas umas contra as outras e empurradas para dentro por golpes incessantes, algumas vezes uma cunha sendo atingida, e depois a outra, com maior força.

Origem das espécies, 1859, 66-7

Por meio de experimentos que fiz, descobri que as visitas de abelhas, se não indispensáveis, são pelo menos altamente benéficas para a fertilização de nossos trevos; mas somente mamangabas visitam o trevo vermelho comum (*Trifolium pratense*), pois outras abelhas não conseguem alcançar o néctar. Por isso tenho pouca dúvida de que, se todo o gênero das mamangabas se tornar extinto ou muito raro na Inglaterra, o amor-perfeito e o trevo vermelho se tornariam muito raros ou desapareceriam por completo. O número de mamangabas em qualquer distrito depende em grande grau do número de ratos-do-campo, que destroem seus favos e ninhos; e o sr. H. Newman, que observou durante muito tempo os hábitos das mamangabas, acredita que "mais de dois terços delas são assim destruídas em toda a Inglaterra". Ora, o número de ratos é grandemente dependente, como todos sabem, do número de gatos; e o sr. Newman diz: "Perto de aldeias e cidades pequenas descobri que os ninhos de mamangabas são mais numerosos que em outros lugares, o que atribuo ao número de gatos que destroem os ratos." Portanto, é muito crível que a presença em grande número de um animal felino num distrito determine, através da intervenção primeiro de ratos e depois de abelhas, a frequência de certas flores nesse distrito!

Origem das espécies, 1859, 73-7

Pode o princípio da seleção, que vimos ser tão potente nas mãos do homem, aplicar-se na natureza? Julgo que o veremos agir de maneira extremamente efetiva.

Origem das espécies, 1859, 80

Na América do Norte, [Samuel] Hearne viu o urso-negro nadando por horas com a boca escancarada, apanhando insetos na água como uma baleia. Mesmo num caso tão extremo como este, se o suprimento de insetos fosse constante, e se competidores mais bem adaptados já não existissem na região, não posso ver nenhuma dificuldade em uma raça de ursos se tornar, por seleção natural, cada vez mais aquática em sua estrutura e seus hábitos, com bocas cada vez maiores, até que se produzisse uma criatura tão monstruosa quanto uma baleia.

Origem das espécies, 1859, 184

As afinidades de todos os seres da mesma classe foram às vezes representadas por uma grande árvore. Acredito que em boa parte esse símile fala a verdade. Os rebentos verdes e florescentes podem representar espécies existentes; e aqueles produzidos durante cada ano anterior podem representar a longa sucessão de espécies extintas. ... Assim como brotos dão origem, por crescimento, a novos brotos, e estes, se vigorosos, se ramificam e superam de todos os lados numerosos galhos mais fracos, assim também, por geração, creio que isso se passou com a grande Árvore da Vida, que enche com seus galhos mortos e quebrados a crosta da Terra, e cobre a superfície com suas ramificações belas e sempre a se subdividir.

Origem das espécies, 1859, 129-30

Muitos naturalistas julgam que o Sistema Natural [de classificação] significa mais alguma coisa; acreditam que ele revela o plano do Criador; mas, a menos que se especifique se é ordem no tempo ou no espaço, ou o que mais se entenda pelo plano do Criador, parece-me que nada é assim acrescentado a nosso conhecimento.

Origem das espécies, 1859, 413

Podemos ver por que caracteres derivados do embrião deveriam ter a mesma importância que aqueles derivados dos adultos, pois nossas classificações evidentemente incluem todas as idades de cada espécie. Mas não é de maneira alguma óbvio, na concepção comum, por que a estrutura do embrião deveria ser mais importante para essa finalidade que a do adulto, a única a desempenhar plenamente seu papel na economia da natureza.

Origem das espécies, 1859, 418-9

Também os embriões de distintos animais dentro da mesma classe muitas vezes são surpreendentemente similares: não se pode dar prova melhor disso que numa circunstância mencionada por [Louis] Agassiz, a saber: que, tendo esquecido de etiquetar o embrião de um animal vertebrado, não se pode identificar agora se se trata de mamífero, ave ou réptil.

Origem das espécies, 1859, 439

A embriologia cresce enormemente em interesse quando olhamos para o embrião como uma imagem mais ou menos obscurecida da forma parental comum de cada grande classe de animais.

Origem das espécies, 1859, 450

Todo este volume é um único argumento extenso.

Origem das espécies, 1859, 459

Não espero de maneira nenhuma convencer naturalistas experientes, cujas mentes estão abastecidas com multidões de fatos, todos encarados, durante um longo curso de anos, a partir de um ponto de vista diretamente oposto ao meu. É tão fácil esconder nossa ignorância sob expressões como "plano da criação", "unidade de concepção" etc., e achar que damos uma explicação quando somente reafirmamos um fato.

Origem das espécies, 1859, 481-2

Autores da mais elevada eminência parecem ficar plenamente satisfeitos com o ponto de vista de que cada espécie foi criada de forma independente. A meu ver, está mais de acordo com o que sabemos das leis impressas na matéria pelo Criador que a produção e extinção dos habitantes passados e presentes do mundo deveriam ser atribuídas a causas secundárias, como aquelas que determinam o nascimento e a morte do indivíduo.

Origem das espécies, 1859, 488

Quando as concepções contempladas neste volume sobre a origem das espécies ou quando concepções análogas forem em geral admitidas, poderemos distinguir vagamente que haverá uma considerável revolução na história natural.

Origem das espécies, 1859, 484

Quando não olharmos mais para um ser orgânico como um selvagem olha para um navio, como algo inteiramente além de sua compreensão; quando encararmos cada produção da natureza como uma produção que teve uma história; quando contemplarmos cada estrutura e instinto complexo como o resumo de muitos expedientes engenhosos, cada um útil para seu possuidor, quase da mesma maneira como vemos qualquer grande invenção mecânica como o resumo do trabalho, da experiência, da razão, e até das asneiras de numerosos trabalhadores; quando virmos dessa maneira cada ser orgânico, quão mais interessante, falo por experiência própria, irá se tornar o estudo da história natural!

Origem das espécies, 1859, 485-6

No futuro distante vejo campos abertos para pesquisas muito mais importantes. A psicologia será baseada em um novo fundamento, aquele da necessária aquisição de cada poder e capacidade mental por gradação. E lançar-se-á luz sobre a origem do homem e sua história.

Origem das espécies, 1859, 488

É interessante contemplar uma encosta emaranhada, coberta de muitas plantas de diversos tipos, com pássaros cantando nos arbustos, com vários insetos esvoaçando, vermes rastejando pela terra úmida, e refletir que essas formas intrincadamente construídas, tão diferentes umas das outras e dependentes umas das outras de maneira tão complexa, foram produzidas por leis que agem à nossa volta.

Origem das espécies, 1859, 489

Há grandeza nessa visão da vida, com seus vários poderes, originalmente insuflada em algumas formas ou em uma delas; e que, enquanto este planeta continuou girando de acordo com a lei fixa da gravidade, a partir de um começo tão simples, infinitas formas de grande beleza, e as mais maravilhosas, se desenvolveram e estão se desenvolvendo.

Origem das espécies, 1859, 490

Ganhei muito com meu atraso em publicar, desde cerca de 1839, quando a teoria foi claramente concebida, até 1859; e não perdi nada com isso, pois me importava muito pouco se os homens atribuíam mais originalidade a mim ou a Wallace; e seu ensaio sem dúvida ajudou a aceitação da teoria.

Autobiografia, 124

É sem dúvida a principal obra de minha vida.

Autobiografia, 122

ESPÉCIES

Nenhuma definição satisfez até agora todos os naturalistas; no entanto, todo naturalista sabe vagamente o que quer dizer quando fala de espécies. Em geral o termo inclui o elemento desconhecido de um ato distinto de criação. O termo "variedade" é quase igualmente difícil de definir; mas aqui a comunidade de origem está quase universalmente implicada, embora poucas vezes possa ser provada.

Origem das espécies, 1859, 44

Sem dúvida, nenhuma linha clara de demarcação foi traçada até agora entre espécies e subespécies – isto é, as formas que, na opinião de alguns naturalistas, chegam muito perto da categoria de espécie, mas não a alcançam inteiramente; ou, novamente, entre subespécies e variedades bem-definidas, ou entre variedades inferiores e diferenças individuais. Essas diferenças misturam-se umas às outras numa série insensível; e uma série impressiona a mente com a ideia de uma transição real.

Origem das espécies, 1859, 50-1

A partir dessas observações se verá que encaro o termo espécie como arbitrariamente dado, por motivos de conveniência, a um grupo de indivíduos estreitamente semelhantes uns aos outros, e que ele não difere em essência do termo variedade, que é dado a formas menos distintas e mais flutuantes. O termo variedade, novamente, em comparação com meras diferenças individuais, é também aplicado de modo arbitrário e por mera conveniência.

Origem das espécies, 1859, 52

Alphonse de Candolle e outros mostraram que as plantas que têm hábitats muito amplos geralmente apresentam variedades; e isso seria de esperar, pois elas se tornam expostas a diversas condições físicas, e à medida que entram em competição (o que, como veremos doravante, é uma circunstância muito mais importante) com diferentes grupos de seres orgânicos. Mas minhas tabelas mostram, ademais, que em qualquer região limitada as espécies mais comuns, isto é, as que mais abundam em indivíduos, e as espécies mais amplamente dispersas dentro de sua própria região (e esta é uma consideração diferente da de hábitat amplo, e em certa medida da de prevalência) muitas vezes dão origem a variedades suficientemente bem-demarcadas para ter sido registradas em obras botânicas. Em consequência, são as espécies mais florescentes, ou, como podem ser chamadas, as espécies dominantes – aquelas que se estendem amplamente pelo mundo, as mais dispersas em sua própria região e as mais numerosas em indivíduos – que produzem com maior frequência variedades bem-demarcadas, ou, como as considero, espécies incipientes.

Origem das espécies, 1859, 53-4

Concluo que, embora pequenas áreas isoladas provavelmente tenham sido, sob alguns aspectos, bastante favoráveis à produção de novas espécies, apesar disso, o curso da modificação em geral terá sido mais rápido em grandes áreas; e o que é mais importante: que as novas formas produzidas em grandes áreas, que já foram vitoriosas sobre muitos competidores, serão aquelas que irão se espalhar mais amplamente, darão origem a outras novas variedades e espécies, e desempenharão assim um papel fundamental na história cambiante do mundo orgânico.

Origem das espécies, 1859, 106

Quanto mais diversificados os descendentes de uma espécie se tornarem em estrutura, constituição e hábitos, na mesma medida eles estarão mais capacitados para aproveitar lugares numerosos e amplamente diversificados no estado de natureza, e assim mais capacitados para crescer em número.

Origem das espécies, 1859, 112

Inclino-me a acreditar que quase todas as espécies (como vemos com quase todas as nossas produções domésticas) variam o suficiente para que a seleção natural escolha e acumule novas diferenças específicas, sob novas condições de vida orgânicas e inorgânicas, sempre que um lugar é aberto no estado de natureza. Mas que, olhando para um *longo lapso de tempo* e para o mundo todo ou para grandes partes do mundo, acredito que apenas uma espécie, ou poucas delas, de cada grande gênero torna-se finalmente vitoriosa e deixa descendentes modificados.

Darwin para Charles Lyell,
3 out [1860], DCP 2935

Há um ponto ligando as diferenças individuais que me parece extremamente desconcertante: refiro-me àqueles gêneros que foram por vezes chamados "proteicos" ou "polimorfos", em que as espécies apresentam uma excessiva quantidade de variação; e dificilmente dois naturalistas concordam em relação a quais formas se classificam como espécies e quais como variedades. Podemos mencionar como exemplo *Rubus*, Rosa e *Hieracium* entre as plantas, vários gêneros de insetos e vários gêneros de conchas Braquiópodes. Na maior parte dos gêneros polimorfos, algumas das espécies têm caracteres fixos e definidos. Gêneros que são polimorfos em uma região, com algumas poucas exceções, parecem polimorfos em outras, e igualmente, a julgar por conchas Braquiópodes, em períodos de tempo anteriores. Esses fatos me parecem muito desconcertantes, pois eles aparentemente mostram que esse tipo de variabilidade é independente das condições de vida.

Origem das espécies, 1859, 46

SELEÇÃO

Uma das características mais notáveis em nossas raças domesticadas é que vemos nelas adaptação, não de fato ao próprio bem do animal ou planta, mas ao uso ou capricho do homem. ... A chave é o poder de seleção cumulativa do homem: a natureza dá sucessivas variações; o homem as soma em certas direções úteis para ele. Nesse sentido pode-se dizer que ele faz para si mesmo raças úteis.

Origem das espécies, 1859, 29-30

Pode-se dizer que a seleção natural está a todo dia e a toda hora esquadrinhando, no mundo todo, cada variação, mesmo a mais ligeira; rejeitando o que é ruim, preservando e somando tudo que é bom; trabalhando silenciosa e imperceptivelmente sempre e onde quer que a oportunidade se ofereça, no melhoramento de cada ser orgânico em relação a suas condições orgânicas e inorgânicas de vida. Não vemos nada dessas lentas mudanças em andamento até que o ponteiro do tempo tenha marcado o longo lapso de eras, e então nossa percepção de longas idades geológicas passadas é tão imperfeita que vemos somente que as formas de vida são diferentes agora do que eram outrora.

Origem das espécies, 1859, 84

A seleção natural não pode produzir qualquer modificação em nenhuma espécie exclusivamente para o bem de outra espécie. ... Caso se pudesse provar que qualquer parte da estrutura de uma espécie tinha sido formada para o exclusivo bem de outra espécie, isso aniquilaria minha teoria, pois não se teria produzido por meio de seleção natural.

Origem das espécies, 1859, 200-1

A seleção natural tende somente a tornar cada ser orgânico tão perfeito quanto – ou ligeiramente mais perfeito que – os outros habitantes da mesma região com que ele tem de lutar pela existência. E vemos que esse é o grau de perfeição alcançado na natureza. As produções endêmicas da Nova Zelândia, por exemplo, são perfeitas se comparadas umas às outras; mas estão agora sucumbindo rapidamente diante do avanço das legiões de plantas e animais introduzidos a partir da Europa. A seleção natural não produzirá perfeição absoluta, nem encontramos sempre, até onde posso julgar, esse padrão elevado na natureza.

Origem das espécies, 1859, 202

Mais uma palavra sobre a "Deificação" da Seleção Natural. A atribuição de tanto peso a ela não exclui leis ainda mais gerais, isto é, o ordenamento de todo o Universo. Eu disse que a seleção nat. está para a estrutura de seres organizados assim como o arquiteto humano está para uma construção. A própria existência do arquiteto humano mostra a existência de leis mais gerais; mas ninguém, ao atribuir uma construção ao arquiteto humano, julga ser necessário referir-se às leis pelas quais o homem apareceu.

Darwin para Charles Lyell,
17 jun [1860], CDP 2833

Eu *não* concordo com sua observação de que obrigo a Seleção N. a trabalhar demais. – Você irá talvez responder que todo homem discorre sobre sua obsessão até a morte; e que estou nesse estado de obsessão.

Darwin para Charles Lyell,
3 out [1860], DCP 2937

Quando se fala desta ou daquela parte como planejada para alguma finalidade especial, não se deve supor que ela sempre foi originalmente formada para essa única finalidade. O curso regular dos eventos parece este: uma parte que originalmente serviu para uma finalidade torna-se adaptada por mudanças lentas para finalidades amplamente diferentes. … Com base no mesmo princípio, se um homem fosse fazer uma máquina para algum propósito especial, mas devesse usar rodas, molas e polias velhas, somente ligeiramente alteradas, seria possível dizer que a máquina inteira, com todas as suas partes, fora sobretudo planejada para aquela finalidade. Assim, em toda a natureza, quase todas as partes de cada ser vivo serviram provavelmente, numa condição um pouco modificada, para diversas finalidades, e funcionaram na maquinaria viva de muitas formas específicas antigas e distintas.

Orquídeas, 346, 348

Evidentemente é também necessário não personificar demais a "natureza" – embora eu mesmo seja muito propenso a fazê-lo –, uma vez que as pessoas não compreenderão que todas essas expressões são metáforas.

A.R. Wallace para Darwin,
2 jul 1866, DCP 5145

Em benefício da concisão, falo às vezes de seleção natural como um poder inteligente; – da mesma maneira que os astrônomos falam da atração da gravidade governando os movimentos de planetas, ou os agricultores falam do homem criando raças domésticas por seu poder de seleção. Num caso como no outro, a seleção não faz nada sem variabilidade, e isso depende, de alguma maneira, da ação das circunstâncias circundantes sobre o organismo. Frequentemente, também, personifiquei a palavra Natureza; pois me pareceu difícil evitar essa ambiguidade; mas entendo por natureza somente a ação combinada e o produto de muitas leis naturais – e por leis somente a sequência determinada de eventos.

Variação, vol.1, 6

DIFICULDADES

Muito antes de chegar a esta parte de meu trabalho, uma multidão de dificuldades terá ocorrido ao leitor. Algumas tão graves que até hoje não consigo refletir sobre elas sem ficar estupefato; mas, segundo meu melhor juízo, a maior parte delas é apenas aparente, e aquelas que são reais não são, penso eu, fatais para a minha teoria.

Origem das espécies, 1859, 171

O olho até hoje me dá calafrio, mas quando penso nas finas gradações conhecidas, minha razão me diz que devo vencer o calafrio.

Darwin para Asa Gray,
[8 ou 9 fev 1860], DCP 2710

A visão de uma pena na cauda de um pavão, sempre que a contemplo, me dá náuseas!

Darwin para Asa Gray,
3 abr [1860], DCP 2743

A observação anterior me leva a dizer algumas palavras sobre o protesto feito recentemente por alguns naturalistas contra a doutrina utilitária, de que cada detalhe da estrutura foi produzido para o bem de seu possuidor. Eles acreditam que numerosas estruturas foram criadas para a beleza ante os olhos do homem, ou para mera variedade. Essa doutrina, se verdadeira, seria absolutamente fatal para a minha teoria.

Origem das espécies, 1859, 199

A variabilidade é governada por muitas leis desconhecidas, em especial pela da correlação de crescimento. Alguma coisa pode ser atribuída à ação direta das condições de vida. Alguma coisa deve ser atribuída ao uso e desuso. O resultado final é assim tornado infinitamente complexo.

Origem das espécies, 1859, 43

Como as formigas trabalham por instintos herdados e por ferramentas ou armas herdadas, e não por conhecimento adquirido e instrumentos manufaturados, uma perfeita divisão de trabalho só poderia acontecer se as operárias fossem estéreis, pois, caso elas fossem férteis, teriam se intercruzado, e seus instintos e estrutura teriam se misturado. E a natureza, como acredito, executou essa admirável divisão nas comunidades de formigas por meio de seleção natural. Mas sou obrigado a confessar que, com toda a minha fé nesse princípio, eu nunca poderia prever que a natureza teria sido eficiente em tão alto grau se o caso desses insetos assexuados não tivesse me convencido do fato.

Origem das espécies, 1859, 242

Por que então toda formação geológica e todo estrato não são cheios desses elos intermediários? A geologia certamente não revela nenhuma cadeia tão finamente graduada; e essa, talvez, seja a objeção mais óbvia e mais grave que se pode lançar contra minha teoria. A explicação reside, segundo creio, na extrema imperfeição do registro geológico.

Origem das espécies, 1859, 280

Se admitirmos que o registro geológico é imperfeito num grau extremo, então, fatos como os que o registro fornece sustentam a teoria da descendência com modificação. Novas espécies apareceram em cena lentamente e a sucessivos intervalos; e a quantidade de mudança, após intervalos iguais de tempo, é amplamente diversa em diferentes grupos. A extinção de espécies e de grupos inteiros de espécies, que desempenhou um papel tão evidente na história do mundo orgânico, segue-se quase inevitavelmente com base no princípio da seleção natural; pois velhas formas serão suplantadas por formas novas e aperfeiçoadas. Nem espécies isoladas nem grupos de espécies reaparecem quando a cadeia de geração comum foi quebrada uma vez.

Origem das espécies, 1859, 475

Em obras sobre história natural geralmente se diz que órgãos rudimentares foram criados "em benefício da simetria" ou para "completar o esquema da natureza"; mas essa não me parece uma explicação, apenas uma reafirmação do fato. Seria considerado suficiente dizer que, como os planetas giram em cursos elípticos ao redor do Sol, os satélites seguem o mesmo curso em volta dos planetas em benefício da simetria e para completar o esquema da natureza?

Origem das espécies, 1859, 453

Olhando para a distribuição geográfica, se admitirmos que houve, durante o longo curso das eras, muita migração de uma parte do mundo para outra, em decorrência de mudanças climáticas e geográficas anteriores e dos muitos meios ocasionais e desconhecidos de dispersão, então podemos compreender, com base na teoria da descendência com modificação, a maior parte dos grandes fatos principais em Distribuição. Podemos ver por que deveria haver um paralelismo tão notável na distribuição de seres orgânicos pelo espaço, e em sua sucessão geológica ao longo do tempo; pois em ambos os casos os seres foram conectados pelo vínculo da geração comum, e os meios de modificação foram os mesmos. Vemos o pleno significado do fato maravilhoso que deve ter impressionado todo antigo viajante, de que, no mesmo continente, sob as mais diversas condições, sob calor e frio, em montanha e planície, em desertos e pântanos, a maioria dos habitantes dentro de cada grande classe são claramente relacionados; pois eles serão geralmente os descendentes dos mesmos progenitores e primeiros colonos.

Origem das espécies, 1859, 476-7

Que a estrutura de ossos seja a mesma na mão de um homem, na asa de um morcego, na nadadeira do boto e na pata do cavalo – que o mesmo número de vértebras forme o pescoço da girafa e o do elefante –, e inúmeros outros fatos semelhantes, explicam-se de imediato com base na teoria da descendência com lentas e ligeiras modificações sucessivas.

Origem das espécies, 1859, 479

Nada a princípio pode parecer mais difícil que acreditar que os órgãos e instintos mais complexos deveriam ter sido aperfeiçoados não por meios superiores à razão humana, embora análogos a ela, mas pela acumulação de inúmeras ligeiras variações, cada qual positiva para o possuidor individual. Entretanto, essa dificuldade, conquanto pareça insuperavelmente grande à imaginação, não pode ser considerada real se admitimos as seguintes proposições: que gradações na perfeição de qualquer órgão ou instinto que podemos considerar, que existem agora ou poderiam ter existido, sejam, cada uma delas, boas em seu gênero; que todos os órgãos e instintos são, num grau mínimo que seja, variáveis; e, finalmente, que há uma luta pela existência levando à preservação de cada desvio de estrutura ou instinto que se mostre vantajoso. A verdade dessas proposições não pode, penso eu, ser contestada.

Origem das espécies, 1859, 459

DESÍGNIO E LIVRE-ARBÍTRIO

O velho argumento do desígnio na natureza, tal como empregado por [William] Paley, que em tempos passados me parecia tão conclusivo, fracassa agora, que a lei da seleção natural foi descoberta. Não podemos mais afirmar que, por exemplo, a bela charneira de uma concha bivalve deve ter sido feita por um ser inteligente, assim como a charneira de uma porta pelo homem. Parece não haver mais desígnio na variabilidade dos seres orgânicos e na ação da seleção natural do que na direção em que o vento sopra.

Autobiografia, 87

Em referência à concepção teológica da questão, isso é sempre penoso para mim. – Estou aturdido. – Eu não tinha nenhuma intenção de escrever de maneira ateística. Mas admito que não consigo ver tão claramente quanto os outros veem, e como eu deveria desejar ver, evidências de desígnio e beneficência em todos os lados. Parece-me haver desgraça demais no mundo. Não posso me convencer de que um Deus beneficente e onipotente teria criado deliberadamente os Icneumonídeos com a intenção expressa de que se alimentassem dentro dos corpos vivos das lagartas, ou que um gato devesse brincar com camundongos.

Darwin para Asa Gray,
22 mai [1860], DCP 2814

Por outro lado, não posso de qualquer maneira me contentar em ver este maravilhoso Universo e especialmente a natureza do homem, e concluir que tudo é resultado de força bruta. Estou inclinado a ver todas as coisas como consequentes de leis intencionais, com os detalhes, sejam eles bons ou maus, deixados por conta da elaboração do que podemos chamar de acaso. Não que essa noção me satisfaça *em absoluto*. Sinto muito que todo o assunto é profundo demais para o intelecto humano. Um cão poderia especular da mesma forma sobre a mente de Newton.

Darwin para Asa Gray,
22 mai [1860], DCP 2814

Nenhum astrônomo, ao mostrar como os movimentos dos Planetas se devem à gravidade, julga necessário dizer que a lei da gravidade foi concebida para que os planetas seguissem os cursos que seguem. – Não posso acreditar que haja nem um pouco mais de interferência, pelo Criador, na construção de cada espécie que no curso dos planetas.

Darwin para Charles Lyell,
17 jun [1860], DCP 2833

Mais uma palavra sobre "leis deliberadas" e "resultados não deliberados". Vejo uma ave que quero como alimento, pego minha arma e mato-a, faço isso *deliberadamente*. – Um homem inocente e bom está debaixo de uma árvore e é morto por um raio. Você acredita (e realmente gostaria de ouvir) que Deus matou *deliberadamente* esse homem? Muitas pessoas ou a maioria delas acreditam nisso; não posso acreditar e não acredito.

Darwin para Asa Gray,
3 jul [1860], DCP 2855

Alguém nos enviou "Macmillan"; e devo lhe dizer o quanto admiro seu artigo; embora, ao mesmo tempo, deva confessar que não pude acompanhá-lo claramente em algumas partes, o que provavelmente se deve sobretudo ao fato de eu não estar acostumado em absoluto a linhas de pensamento metafísicas. ... A mente se recusa a olhar para este Universo, sendo o que ele é, como algo que não foi projetado; no entanto, onde mais esperaríamos desígnio, a saber, na estrutura de um ser sensível, quanto mais penso no assunto, menos posso enxergar prova de desígnio.

Darwin para sua sobrinha Julia Wedgwood,
11 jul [1861], *Life and Letters*,
vol.1, 313-4

Astrônomos não dizem que Deus dirige o curso de cada cometa e planeta. – A concepção de que cada variação foi providencialmente arranjada me parece tornar a seleção natural supérflua, e de fato tira do âmbito da ciência qualquer caso de aparecimento de novas espécies.

Darwin para Charles Lyell,
[1º ago 1861], DCP 3230

Se um arquiteto quisesse erguer um nobre e espaçoso edifício sem uso de pedra talhada, escolhendo, a partir dos fragmentos na base de um precipício, pedras em forma de cunha para os arcos, pedras alongadas para os lintéis e pedras chatas para o telhado, admiraríamos sua habilidade e o veríamos como poder supremo. Ora, os fragmentos de pedra, embora indispensáveis para o arquiteto, têm com o edifício construído por ele a mesma relação que as variações flutuantes de cada ser orgânico com as variadas e admiráveis estruturas finalmente adquiridas por seus descendentes modificados. Pode-se argumentar com razoabilidade que o Criador ordenou intencionalmente, se usamos as palavras em qualquer sentido comum, que certos fragmentos de rocha assumissem determinadas formas para que o construtor pudesse erguer seu edifício?

Variação, vol.2, 430-1

Senti com frequência muita dificuldade na aplicação adequada dos termos vontade, consciência e intenção. Ações que a princípio foram voluntárias logo se tornaram habituais e finalmente hereditárias, e podem ser executadas até em oposição à vontade. Embora elas muitas vezes revelem o estado mental, no princípio esse resultado não foi pretendido nem esperado.

Expressão, 357

VARIAÇÃO E HEREDITARIEDADE

Ninguém supõe que todos os indivíduos de uma espécie são fundidos no mesmo molde. Essas diferenças individuais são extremamente importantes para nós, pois elas fornecem materiais para que a seleção natural acumule, da mesma maneira que os homens podem acumular, diferenças individuais em qualquer direção em suas produções domesticadas.

Origem das espécies, 1859, 43

Estou fortemente inclinado a supor que a causa mais frequente de variabilidade pode ser atribuída ao fato de os elementos masculino e feminino terem sido afetados antes do ato da concepção. Várias razões me fazem acreditar nisso; mas a principal é o extraordinário efeito que o confinamento ou o cultivo tem sobre as funções do sistema reprodutivo.

Origem das espécies, 1859, 8

O número e a diversidade de desvios herdáveis da estrutura, tanto aqueles de pequena quanto aqueles de considerável importância fisiológica, são intermináveis. ... Nenhum criador duvida de quanto é forte a tendência à herança: semelhante produz semelhante, é sua crença fundamental.

Origem das espécies, 1859, 12

Até agora falei algumas vezes como se a variação – tão comum e multiforme em seres orgânicos sob domesticação, e em menor grau naqueles em estado de natureza – se devesse ao acaso. Isso, evidentemente, é uma expressão de todo incorreta, mas serve para reconhecer com clareza nossa ignorância sobre a causa de cada variação particular.

Origem das espécies, 1859, 131

Aventuro-me a avançar a hipótese da Pangênese, implicando que a organização inteira, no sentido de cada átomo ou unidade separada, se reproduz. Em consequência, óvulos e grãos de pólen – a semente ou ovo fertilizado, bem como brotos – incluem e consistem em uma multidão de germes expelidos de cada átomo separado do organismo.

Variação, vol.2, 357-8

Em benefício da clareza, esses grânulos podem ser chamados gêmulas celulares, ou, como a teoria celular não está inteiramente estabelecida, simplesmente gêmulas. Supõe-se que eles são transmitidos dos pais para a prole, e em geral se desenvolvem na geração que vem imediatamente depois, mas com frequência são transmitidos num estado latente durante muitas gerações, e então se desenvolvem.

Variação, vol.2, 374

A existência de gêmulas livres é uma suposição gratuita; contudo, dificilmente pode ser considerada muito improvável, visto que as células têm poder de multiplicação por meio da autodivisão de seus conteúdos. ... As gêmulas em cada organismo devem ser completamente dispersas; tampouco isso parece improvável considerando-se seu tamanho diminuto e a circulação constante de fluidos por todo o corpo.

Variação, vol.2, 378, 379

Esse princípio de Reversão é o mais maravilhoso de todos os atributos da Herança. ... O que pode ser mais fantástico que os caracteres, que desapareceram durante vintenas, centenas ou até milhares de gerações, reaparecerem de súbito, perfeitamente desenvolvidos, como no caso de pombos e galinhas, quando puramente reproduzidos e em especial quando cruzados; ou, como sucede com as listras zebrinas ou os cavalos ruços, em outros casos semelhantes?

Variação, vol.2, 372, 373

Quando ouvimos dizer que um homem carrega em sua constituição as sementes de uma doença herdada, há muita verdade literal na expressão.

Variação, vol.2, 404

Eu gostaria de conhecer essas concepções de Hipócrates antes de ter publicado, pois elas parecem quase idênticas às minhas – apenas uma mudança de termos – e uma aplicação delas a classes de fatos necessariamente desconhecidas por este antigo filósofo. Todo o caso é uma boa ilustração do quão raramente alguma coisa é nova. – A noção de pangênese foi um maravilhoso alívio para minha mente (como foi para alguns *poucos* outros), pois durante anos não pude conceber nenhuma explicação possível de herança, desenvolvimento etc. etc., ou compreender minimamente em que consistia a reprodução por sementes e brotos. Hipócrates adiantou-se inesperadamente ao que eu iria dizer, mas dou muito pouca importância a ser antecipado.

Darwin para William Ogle,
6 mar [1868], DCP 5987

A pangênese tem muito poucos amigos, portanto, permita-me pedir-lhe que não a abandone levianamente. Pode ser tola afeição parental, mas ela lançou um fluxo de luz em meu pensamento em relação a uma grande série de fenômenos complexos.

Darwin para T.H. Farrer,
29 out [1868], DCP 6435

Nas edições anteriores de minha *Origem das espécies* provavelmente atribuí [força] demais à ação da seleção natural ou à sobrevivência dos mais aptos. Alterei a quinta edição de modo a confinar minhas observações a mudanças adaptativas de estrutura. Antes eu não tinha considerado o suficiente a existência de muitas estruturas que, até onde podemos julgar, não parecem nem benéficas nem prejudiciais; e acredito que este é um dos maiores lapsos detectados até agora em meu trabalho.

Origem do homem, 1871, vol.1, 152

Ultimamente, isto é, em nova Edição da *Origem*, estive moderando meu zelo e atribuindo muito mais à mera variabilidade inútil.

Darwin para A.R. Wallace,
27 mar [1869], DCP 6684

Estou ciente de que minha concepção [sobre pangênese] é meramente uma hipótese provisória ou especulação; mas até que outra melhor seja proposta, ela pode ser útil ao reunir uma multidão de fatos que no presente se deixam desconectados por qualquer causa eficiente. Como [William] Whewell, o historiador das ciências indutivas, observa – "Hipóteses muitas vezes podem ser úteis para a ciência quando envolvem certa porção de incompletude e até de erro."

Variação, vol.2, 357

Quando, portanto, o sr. Galton conclui, a partir do fato de que coelhos de uma variedade, com uma grande proporção do sangue de outra variedade em suas veias, não produzem prole miscigenada, que a hipótese da Pangênese é falsa, parece-me que sua conclusão é um pouco apressada. Suas palavras são:

"Fiz agora experimentos de transfusão e circulação cruzada numa grande escala em coelhos, e cheguei a resultados certos, negativando, em minha opinião, fora de qualquer dúvida, a verdade da doutrina da Pangênese." Se o sr. Galton pudesse ter comprovado que os elementos reprodutivos estavam contidos no sangue dos animais superiores, e foram apenas separados ou reunidos pelas glândulas reprodutivas, ele teria feito uma importantíssima descoberta fisiológica.

Darwin, 1871, 503

ORIGEM DA VIDA

Acredito que os animais descenderam de no máximo quatro ou cinco progenitores, e as plantas, de um número igual ou menor. A analogia me levaria a dar mais um passo, a saber, à crença de que todos os animais e plantas descenderam de um protótipo único. ... provavelmente todos os seres orgânicos que jamais viveram nesta Terra descenderam de uma única forma primordial na qual a vida foi primeiro insuflada.

Origem das espécies, 1859, 483-44

Um autor célebre e divino [Charles Kingsley] escreveu-me que "ele aprendeu gradualmente a ver que é uma concepção igualmente nobre de Deus acreditar que Ele criou algumas formas originais capazes de autodesenvolvimento em outras formas necessárias, tanto quanto acreditar que Ele necessitou de um novo ato de criação para suprir os vazios causados pela ação de Suas leis".

Origem das espécies, 1861, 525

Há grandeza nessa concepção da vida, com seus vários poderes originalmente soprados pelo Criador em algumas poucas formas ou em uma delas; e que, enquanto este planeta continuou a girar segundo a lei fixa da gravidade, a partir de um começo tão simples, formas intermináveis, extremamente belas e extremamente maravilhosas foram e estão sendo desenvolvidas.

Origem das espécies, 1861, 525

Passará algum tempo antes que vejamos "lodo, muco ou protoplasma" (que escritor elegante) gerando um novo animal. Mas há muito lamento ter cedido à opinião pública e empregado o termo do Pentateuco criação, com o qual eu realmente queria dizer "apareceu" em virtude de algum processo inteiramente desconhecido. – É mera bobagem pensar, presentemente, na origem da vida; seria o mesmo que pensar na origem da matéria.

Darwin para J.D. Hooker,
[29 mar 1863], DCP 4065

Mas se (e, ó, que grande se) pudéssemos conceber em uma lagoinha morna com todo tipo de amoníaco e sais fosfóricos – luz, calor, eletricidade etc. – presentes, que um composto de proteínas fosse quimicamente formado, pronto para sofrer mudanças ainda mais complexas, no dia de hoje tal matéria seria instantaneamente devorada ou absorvida, o que não poderia acontecer antes que as criaturas vivas se formassem.

Darwin para J.D. Hooker,
1º fev [1871], DCP 7471

SOBREVIVÊNCIA DOS MAIS APTOS

Senti-me várias vezes tão impressionado com a completa incapacidade de inúmeras pessoas inteligentes de ver claramente, ou de alguma maneira, os efeitos automáticos e necessários da Seleção Nat. que sou levado a concluir que o próprio termo e seu modo de ilustrá-lo, embora nítidos e belos para muitos de nós, não são contudo os mais bem adaptados para inculcá-la no público naturalístico em geral. … Desejo portanto sugerir-lhe a possibilidade de evitar inteiramente essa fonte de equívoco em sua grande obra (se agora não for tarde demais), e também em quaisquer futuras edições da *Origem*, e acho que isso pode ser feito sem dificuldade e de maneira muito eficaz adotando o termo de [Herbert] Spencer (que ele usa geralmente de preferência a Seleção Nat.), a saber, "Sobrevivência dos mais aptos".

A.R. Wallace para Darwin,
2 jul 1866, DCP 5140

Concordo plenamente com tudo o que você diz sobre as vantagens da excelente expressão de H. Spencer, "a sobrevivência dos mais aptos". Isso, entretanto, não tinha me ocorrido até ler sua carta. Contudo, é uma grande objeção a esse termo o fato de que ele não possa ser empregado como um substantivo que governa um verbo; e que essa é uma objeção real, eu infiro a partir do fato de H. Spencer usar continuamente as palavras seleção natural. Antes eu achava, provavelmente num grau exagerado, que era uma grande vantagem estabelecer a relação entre seleção natural e artificial; isso de fato me levou a usar um termo em comum, e ainda vejo nisso alguma vantagem.

Darwin para A.R. Wallace,
5 jul [1866], DCP 5145

O termo Seleção Natural foi agora tão amplamente usado no exterior e aqui que duvido que possa ser abandonado, e, com todos os seus defeitos, eu lamentaria ver essa tentativa feita. Se ele será rejeitado, isso dependerá agora "da sobrevivência dos mais aptos".

Darwin para A.R. Wallace,
5 jul [1866], DCP 5145

A essa preservação, durante a batalha pela vida, de variedades que possuem alguma vantagem em estrutura, constituição ou instinto, eu chamei de Seleção Natural; e o sr. Spencer expressou bem a mesma ideia pela Sobrevivência dos Mais Aptos. O termo "seleção natural", sob alguns aspectos, é ruim, pois parece implicar escolha consciente; mas isso será esquecido depois que haja um pouco de familiaridade.

Variação, vol.1, 6

O poder da Seleção, quer exercida pelo homem, quer posta em jogo na natureza através da luta pela existência e a consequente sobrevivência dos mais aptos, depende absolutamente da variabilidade dos seres orgânicos. Sem variabilidade nada pode ser levado a cabo; ligeiras diferenças individuais, no entanto, são suficientes para o trabalho, e provavelmente são as únicas diferenças efetivas na produção de novas espécies.

Variação, vol.2, 192

REAÇÕES À ORIGEM DAS ESPÉCIES

Estou *infinitamente* satisfeito e orgulhoso com a publicação de meu filho. … Sinto-me muito contente por você ter tido a bondade de empreender a publicação de meu Livro.

Darwin para John Murray,
[3 nov 1859], CDP 2514

Quanto a mim, realmente acho que é o livro mais interessante que já li, e só posso compará-lo ao primeiro conhecimento de química, a entrar num mundo novo, ou melhor, nos bastidores. Para mim, a distribuição geográfica, quero dizer, a relação de ilhas com continentes, é a mais convincente das provas, e a relação das formas mais antigas com as espécies existentes. Ouso dizer que não sinto o bastante a ausência de variedades, mas afinal não sei de maneira alguma se, caso todas as coisas vivas agora fossem fossilizadas, os paleontólogos seriam capazes de distingui-las. De fato, o raciocínio a priori é tão inteiramente satisfatório para mim que, se os fatos não se encaixarem, tanto pior para os fatos; esse é o meu sentimento.

Erasmus Alvey Darwin para Darwin,
23 nov [1859], DCP 2545

Li seu livro com mais sofrimento que prazer. Partes dele eu admirei enormemente; de partes eu ri até que meus costados ficassem quase doloridos; outras partes li com absoluto pesar; porque as considero inteiramente falsas e dolorosamente nocivas – Você abandonou – depois de um começo naquela linha férrea de toda verdade física sólida – o verdadeiro método da indução – e pôs em funcionamento um mecanismo tão extravagante, a meu ver, quanto a locomotiva do bispo Wilkin, que deveria voar conosco até a Lua. Muitas de suas amplas conclusões se baseiam em suposições que não podem ser provadas nem refutadas. Por que então expressá-las na linguagem e nos arranjos da indução filosófica? ... Há uma parte moral ou metafísica da natureza, bem como uma parte física. Um homem que nega isso está atolado no lodaçal da loucura.

Adam Sedgwick para Darwin,
24 nov 1859, DCP 2548

Fiquei sabendo por um canal indireto que [John] Herschel diz que meu Livro "é a lei da mixórdia". – O que isso significa exatamente, eu não sei, mas é evidentemente muito desdenhoso. – Se verdadeiro, este é um grande golpe e um desencorajamento.

Darwin para Charles Lyell,
[10 dez 1859], DCP 2575

Ontem à noite, quando li o *Times* da véspera, fiquei maravilhado ao encontrar um esplêndido Essay & Review sobre mim. Quem pode ser o autor? Estou intensamente curioso. Ele incluía um elogio a mim que me tocou muito, embora eu não seja vaidoso o bastante para considerá-lo de alguma forma merecido. – O Autor é um homem de letras e um estudioso dos alemães. – Ele leu meu livro com grande atenção; mas, o que é muito notável, parece que é um profundo naturalista. Conhece meu livro sobre Cracas e o aprecia muitíssimo. – Finalmente escreve e pensa com força e clareza bem incomuns; e o que é ainda mais raro, sua escrita é temperada com o mais agradável humor. ... Decerto eu deveria ter dito que havia somente um homem na Inglaterra que poderia ter escrito esse Ensaio, e que *você* era esse homem. Mas suponho que estou errado, e que há algum gênio escondido de grande calibre.

Darwin para T.H. Huxley
28 dez [1859], DCP 2611

Todos leram o livro do sr. Darwin, ou ao menos deram uma opinião sobre seus méritos ou deméritos; pietistas, sejam leigos ou eclesiásticos, censuram-no com a recriminação suave que soa tão caridosa; fanáticos o denunciam com ignorante invectiva; senhoras idosas de ambos os sexos o consideram um livro decididamente perigoso, e até sábios, que não têm lama melhor para jogar, citam autores antiquados para mostrar que seu autor não é ele próprio melhor que um macaco; enquanto todo pensador filosófico o saúda como um verdadeiro canhão Whitworth no arsenal do liberalismo; e todos os naturalistas e fisiologistas competentes, sejam quais forem suas opiniões quanto ao destino final das doutrinas propostas, reconhecem que a obra em que elas estão incorporadas é uma sólida contribuição para o conhecimento e inaugura uma nova época na história natural.

T.H. Huxley,
Westminster Review, 1860, 541

Teólogos extintos mentem sobre o berço de toda ciência como as serpentes estranguladas ao lado do berço de Hércules; e a história registra que sempre que ciência e ortodoxia estiveram completamente opostas, a última se viu obrigada a se retirar das listas, sangrando e esmagada, quando não aniquilada; ferida, quando não massacrada.

T.H. Huxley,
Westminster Review, 1860, 556

Minha reflexão, assim que me assenhoreei da ideia central da *Origem*, foi: "Que extrema estupidez não ter pensado nisso!"

T.H. Huxley,
Life and Letters, vol.2, 197

Exceto alguma habilidade na exposição de suas opiniões, e uma moderada familiaridade com os resultados de investigações recentes, o autor dos *Vestiges* nada acrescentou à "teoria do desenvolvimento" de Lamarck que pudesse ser de importância para uma mente treinada para a investigação científica. ... Quando dizemos que as conclusões anunciadas pelo sr. Darwin são tais que, se estabelecidas, iriam causar uma completa revolução nas doutrinas fundamentais da história natural – e, ademais, que, embora sua teoria seja essencialmente distinta da teoria do desenvolvimento dos *Vestiges of Creation*, ela tende até agora na mesma direção com respeito a invadir o território da crença religiosa estabelecida –, queremos dizer que sua obra é uma das mais importantes já dadas a público desde há um longo tempo. Não estivemos entre os primeiros a emitir nossa opinião sobre ela porque se trata de um livro – nós o dizemos ponderadamente – que não tolerará ser tratado com leviandade.

"Crítica: *A origem das espécies* de Darwin",
Saturday Review, 24 dez 1859, 775

Estas são as observações originais mais importantes, registradas no volume de 1859: elas são, em nossa avaliação, suas verdadeiras joias, de fato raras, e deixando a determinação da origem das espécies muito perto de onde o autor a encontrou. ... Na falta de adequação de tais observações, não apenas para convencer, mas para dar uma cor à hipótese, restou-nos então confiar no domínio superior da mente, na força do intelecto, na clareza e precisão do pensamento e expressão, que elevam um homem tão acima de seus contemporâneos, de modo a lhe permitir discernir no sortimento comum de fatos, de coincidências, correlações e analogias em História Natural, conclusões mais profundas e verdadeiras do que seus companheiros de trabalho tinham sido capazes de alcançar. Essas expectativas, devemos confessar, foram refreadas quando li atentamente a primeira frase do livro.

R. Owen,
1860, 494, 495-6

Acabo de ler a *Edinburgh* [*Review*], que sem dúvida foi escrita por Owen. Ela é extremamente maligna, hábil, e temo que será muito danosa.

Darwin para Charles Lyell,
10 abr [1860], DCP 2754

Uma vez que a ciência natural lida somente com causas secundárias ou naturais, os termos científicos de uma teoria de derivação de espécies ... devem ser os mesmos tanto para o teísta quanto para o ateu. ... Razão pela qual a reticência de Darwin sobre causas eficientes não nos perturba. Ele considera somente as questões científicas.

Asa Gray,
1860, 412

Houve uma pletora de Críticas, e estou de fato inteiramente enjoado de mim mesmo.

Darwin para Charles Lyell,
10 abr [1860], DCP 2754

Não sei como ou para quem expressar plenamente minha admiração pelo livro de Darwin. Para ele, pareceria bajulação, para outros, autoelogio; mas acredito com sinceridade que, por mais pacientemente que tivesse trabalhado e experimentado sobre o assunto, eu não teria chegado perto da completude de seu livro, sua vasta acumulação de evidências, sua argumentação esmagadora, seu admirável tom e espírito. Sinto-me realmente agradecido por não se ter deixado para mim [a tarefa de] dar a teoria ao mundo.

A.R. Wallace para H.W. Bates,
in Wallace, 1905, vol.1, 374

Você deve me deixar dizer o quanto admiro a maneira generosa com que fala do meu Livro: a maioria das pessoas em sua posição teria sentido alguma inveja ou ciúme. Quão nobremente livre você parece estar desse defeito comum da humanidade. – Mas você fala com excessiva modéstia de si mesmo; – se tivesse tido meu tempo disponível, você teria feito o trabalho igualmente bem, talvez melhor do que eu o fiz.

Darwin para A.R. Wallace,
18 mai 1860, DCP 2807

O bispo de Oxford [Samuel Wilberforce] declarou-se fortemente contrário a uma teoria que sustenta ser possível que o homem tenha descendido de um macaco – protesto em que é corroborado pelo prof. Owen, sir Benjamin Brodie, o dr. Daubeny e os mais eminentes naturalistas reunidos em Oxford [para a reunião de 1860 da British Association for the Advancement of Science]. Mas outros – notório, entre estes, o prof. Huxley – expressaram sua disposição de aceitar para si mesmos, bem como para seus amigos e inimigos, todas as verdades reais, mesmo a última verdade humilhante de um pedigree não registrado no Herald's College. A disputa pelo menos tornou Oxford extraordinariamente animada durante a semana.

Informe da reunião da Sociedade, *Athenaeum*, 7 jul 1860, 19

É crível que todas as variedades favoráveis de nabos tenham uma tendência para se tornar homens?

Wilberforce, 1860, 239

Se eu preferiria ter um mísero macaco por avô ou um homem altamente dotado pela natureza e possuidor de grandes recursos e influência, e no entanto que emprega essas faculdades para o mero propósito de introduzir o ridículo numa grave discussão científica – afirmo sem hesitação minha preferência pelo macaco.

T.H. Huxley para F. Dyster, 9 set 1860, in Jensen, 1988, 168

Como ousou atacar um bispo vivo daquela maneira? Estou muito envergonhado de você! Não tem reverência por finas mangas de linho? Por Deus, parece que você se saiu bem.

Darwin para T.H. Huxley, [5 jul 1860], DCP 2861

A batalha grassa furiosamente nos Estados U. [Asa] Gray diz que estava preparando um discurso que levaria uma hora e meia para ser pronunciado e que "esperava tolamente ser um espetáculo". Ele está lutando de maneira esplêndida e parece ter havido muitas discussões com [Louis] Agassiz e outros nas reuniões. Agassiz me dá muita pena por estar tão iludido.

Darwin para J.D. Hooker,
30 mai [1860], DCP 2818

O critério de uma verdadeira teoria consiste na facilidade com que ela explica fatos acumulados no curso de prolongadas investigações e para os quais as teorias existentes não forneciam nenhuma explicação. Certamente não se pode dizer que a teoria de Darwin resistirá a esse teste.

L. Agassiz, 1860, 147

Meu livro agitou a lama com vigor; e será uma bênção para mim se todos os meus amigos não passarem a me odiar. Mas vejo como certo: se eu não tivesse agitado a lama, alguma outra pessoa o faria muito em breve; portanto, quanto mais cedo a batalha for travada, mais cedo será decidida. – não que esse assunto vá ser resolvido durante nosso tempo de vida.

Darwin para Asa Gray,
3 jul [1860], DCP 2855

Eu teria sido completamente estraçalhado não fossem você e três outros.

Darwin para T.H. Huxley,
3 jul [1860], DCP 2854

O sr. Darwin deu ao mundo uma nova ciência, e seu nome deveria, em minha opinião, estar acima do de todos os filósofos dos tempos antigos ou modernos. A força da admiração não pode ir mais longe!

A.R. Wallace para George Silk,
1º set 1860, in Wallace, 1905, vol.1, 373

O dr. Whewell discordou de uma maneira prática durante alguns anos, recusando-se a permitir que um exemplar de *A origem das espécies* fosse colocado na Biblioteca do Trinity College [Cambridge].

F. Darwin,
Life and Letters, vol.2, 281n.

Considero que o livro de Darwin é completamente antifilosófico.

William Whewell, carta para J.D. Forbes,
24 jul 1860, in *Dictionary of Scientific Quotations*, 619

Pelo amor de Deus, não escreva um artigo antidarwinista; você o faria tão malditamente bem. … Sempre pensarei que essas primeiras Críticas, quase inteiramente suas, prestaram ao assunto um *enorme* serviço.

Darwin para T.H. Huxley,
22 nov [1860], DCP 2994

Sou sátiro ou homem?
  Por favor, diga-me quem puder,
E estabeleça meu lugar na escala.
  Um homem em forma de símio,
  Um símio antropoide,
Ou macaco privado de cauda?

Anônimo, *Punch*, 18 mai 1861

Quando cheguei à conclusão de que afinal se demonstraria que Lamarck estava certo, que devemos "ir até o orangotango",* eu reli seu livro e, lembrando-me de quando foi escrito, senti que lhe fizera injustiça.

Charles Lyell para Darwin,
15 mar 1863, DCP 4041

A questão é esta: o homem é um macaco ou um anjo? Agora estou do lado dos anjos.

Benjamin Disraeli, "Discurso",
in *Punch*, 10 dez 1864

Nunca esquecerei aquela reunião das seções combinadas da British Association, quando em Oxford, em 1860, o Almirante FitzRoy expressou pesares por lhe ter dado as oportunidades a fim de colher fatos para uma teoria tão chocante quanto a sua.

J.V. Carus para Darwin,
15 nov 1866, DCP 5282

---

* No original, "*go the whole orang*", que significava para Lyell percorrer todo o caminho até tornar os seres humanos animais como todos os outros. (N.T.)

Recebi, dois ou três dias atrás, uma tradução francesa da *Origem* por uma mlle. Royer, que deve ser uma das mais inteligentes e mais estranhas mulheres da Europa: é ardorosa Deísta e odeia o Cristianismo, e declara que a seleção natural e a luta pela vida explicarão toda a moralidade, natureza do homem, política etc. etc.!

Darwin para Asa Gray,
10-20 jun [1862], DCP 3595

É notável como Darwin redescobre entre animais e plantas a sociedade da Inglaterra, com sua divisão do trabalho, competição, abertura de novos mercados, invenções e a luta malthusiana pela existência.

Karl Marx para F. Engels, 18 jun 1862,
Marx, 1975-2004, vol.41, 381

É insensato acusar o sr. Darwin (como foi feito) de violar as regras da indução. As regras da indução dizem respeito à condição de prova. O sr. Darwin nunca alegou que sua teoria foi provada. Ele não estava sujeito às regras da indução, mas às da hipótese. E estas últimas raramente foram cumpridas de maneira completa. Ele abriu um caminho de investigação cheio de promessas e cujos resultados ninguém pode prever.

Mill, 1862, vol.2, 180

Acho que nunca estive, em minha vida, tão profundamente interessado por nenhuma discussão geológica. Começo a ver pela primeira vez o que um milhão significa, e sinto-me muito envergonhado de mim mesmo diante da maneira tola como falei de milhões de anos. Eu antes era um grande crente no poder do mar na desnudação, e isso talvez fosse natural, pois a maior parte do meu trabalho geológico foi feito perto de costas marítimas e em ilhas. … Com quanta frequência especulei em vão sobre a origem dos vales na plataforma de greda em torno deste lugar [Down House, Kent], mas agora tudo está claro. Eu lhe agradeço cordialmente por ter dissipado tanta névoa diante de meus olhos.

Darwin para James Croll,
19 set 1868, DCP 6380

Fleming Jenkins [Fleeming Jenkin] deu-me muito trabalho, mas foi de mais utilidade real para mim que qualquer outro Ensaio ou Crítica.

Darwin para J.D. Hooker,
16 jan [1869], DCP 6557

Estou muito perturbado pela curta duração do mundo segundo sir W. Thompson, pois necessito para minhas concepções teóricas de um período muito longo antes da formação [geológica] cambriana.

Darwin para James Croll,
31 jan [1869], DCP 6585

Dificilmente algum ponto me deu tanta satisfação quando eu trabalhava sobre a *Origem* que a explicação acerca da ampla diferença em muitas classes entre o embrião e o animal adulto, e da estreita semelhança dos embriões dentro da mesma classe. Nenhuma atenção foi dada a esse ponto, até onde posso me lembrar, nas primeiras críticas da *Origem*, e recordo que expressei minha surpresa sobre essa questão numa carta para Asa Gray.

Autobiografia, 125

A conclusão de todo o assunto é que a negação do desígnio na natureza é praticamente a negação de Deus. ... Chegamos assim à resposta para nossa pergunta, Que é Darwinismo? É Ateísmo.

Hodge, 1874, 177

Alguns de meus críticos disseram: "Ó, ele é um bom observador, mas não tem nenhuma capacidade de raciocinar." Não acho que isso seja verdade, porque *A origem das espécies* é um longo raciocínio do começo ao fim, e ele convenceu não poucos homens capazes. Ninguém o poderia escrever sem ter alguma capacidade de raciocínio.

Autobiografia, 140

BOTÂNICA

Devo implorar *em algum momento* por uma única frase sobre as plantas de Galápagos. a saber, que porcentagem delas é (até onde se sabe) peculiar ao Arquipélago? você já me disse que as plantas têm uma fisionomia s. americana. E até que ponto as coleções confirmam ou contradizem a noção das diferentes ilhas, tendo em alguns casos espécies representativas e diferentes.

Darwin para J.D. Hooker,
[16 abr 1845], DCP 848

[Sou] um homem que dificilmente distingue uma margarida de um Dente-de-leão.

Darwin para J.D. Hooker,
[3 set 1846], DCP 996

A srta. Thorley e eu estamos fazendo *um pequeno trabalho Botânico* (!) para nossa diversão, e ele me diverte muito, a saber: fazer uma coleção de todas as plantas que crescem num campo deixado sem uso por quinze anos … e estamos também coletando todas as plantas num campo adjacente e *similar*, mas cultivado; apenas pelo prazer de ver que plantas tiveram sucesso ou morreram. De agora em diante vamos querer um pouquinho de ajuda para nomear enigmas. – Como é terrivelmente difícil nomear plantas.

Darwin para J.D. Hooker,
5 jun [1855], DCP 1693

Acabo de distinguir minha primeira Erva, hurra! hurra! Devo confessar que a Sorte favorece os corajosos, pois, por sorte, era a fácil *Anthoxanthum odoratum*: ainda assim é uma grande descoberta; nunca esperei distinguir uma erva em toda a minha vida. Portanto, Hurra. Ela fez um surpreendente bem ao meu estômago.

Darwin para J.D. Hooker,
5 jun [1855], DCP 1693

Tive muita sorte e já examinei quase cada Orquídea Britânica fresca. … Não posso imaginar nada mais perfeito que os muitos curiosos dispositivos.

Darwin para J.D. Hooker,
19 jun [1861], DCP 3190

O objetivo do trabalho que se segue é mostrar que os dispositivos pelos quais Orquídeas são fertilizadas são tão variados e quase tão perfeitos quanto qualquer das mais belas adaptações no reino animal; e em segundo lugar, mostrar que esses dispositivos têm por principal objetivo a fertilização de cada flor. … Este tratado me proporciona também uma oportunidade para tentar mostrar que o estudo de seres orgânicos pode ser tão interessante para um observador que está plenamente convencido de que a estrutura de cada um se deve a leis secundárias quanto para alguém que vê cada detalhe insignificante de estrutura como o resultado da interposição direta do Criador.

Orquídeas, 1

Em meu exame das Orquídeas, dificilmente qualquer fato me impressionou tanto quanto a interminável diversidade de estrutura – a prodigalidade de recursos – para alcançar o mesmíssimo fim, a saber, a fertilização de uma flor pelo pólen de outra. O fato em certa medida é inteligível com base no princípio da seleção natural. Como todas as partes de uma flor são coordenadas, se variações ligeiras em qualquer parte são preservadas por serem benéficas para a planta, então as outras partes terão geralmente de ser modificadas de alguma maneira correspondente.

Orquídeas, 348-9

[James] Bateman acaba de me enviar muitas orquídeas com o *Angraecum sesquipedale*: você conhece seu maravilhoso nectário com 29,21 centímetros de comprimento, com néctar apenas na extremidade. Que probóscide a boca que o suga deve ter! É um caso muito bonito.

Darwin para J.D. Hooker
30 jan [1862], DCP 3421

Mais ninguém percebeu que meu principal interesse em meu livro sobre orquídeas foi que ele era um "movimento de flanco" sobre o inimigo.

Darwin para Asa Gray,
23[-24] jul [1862], DCP 3662

No verão de 1860 eu estava preguiçando e descansando perto de Hartfield [Sussex], onde duas espécies de *Drosera* abundam; e notei que numerosos insetos tinham ficado presos pelas folhas. Trouxe algumas plantas para casa e, ao lhes dar insetos, vi os movimentos dos tentáculos, e isso me fez julgar provável que os insetos fossem apanhados para alguma finalidade especial. ... O fato de que uma planta deva secretar, quando propriamente excitada, um fluido contendo um ácido e fermento, estreitamente análogo ao fluido digestivo de um animal, decerto foi uma descoberta extraordinária.

Autobiografia, 132-3

No presente momento eu me importo mais com Drósera do que com a origem de todas as espécies no mundo.

Darwin para Charles Lyell,
14 nov [1860], DCP 2565

Por Deus, às vezes penso que Drósera é um animal disfarçado!

Darwin para J.D. Hooker,
4 dez [1860], DCP 3008

Escrevo agora porque a nova Estufa está pronta e estou ansioso para abastecê-la, tal como um escolar. – Você poderia me dizer em breve que plantas pode me dar; e então eu saberei o que encomendar. E aconselhe-me sobre qual seria a melhor maneira de eu pegar aquelas plantas de que você pode dispor. Seria eu mandar minha carroça de manhã bem cedo, num dia que não fosse gelado, forrando a carroça com esteiras e chegando aqui antes da noite.

Darwin para J.D. Hooker,
15 fev [1863], DCP 3986

A única abordagem ao trabalho que posso adotar é examinar gavinhas e trepadeiras, isso não aflige meu Cérebro enfraquecido.

Darwin para J.D. Hooker,
[27 jan 1864], DCP 4398

Alegra-me saber que *Abutilon* é uma nova espécie, e estou honrado por seu nome [*Abutilon darwini*]. Não conheço seu hábitat, mas suspeito fortemente de que deve ser Santa Catarina [Brasil]. A planta floresceu e floriu profusamente em minha fresca estufa. – Parece gostar de calor. Oferece um exemplo, do qual já conheci outros, de ser durante a primeira parte da estação de floração inteiramente estéril com pólen da mesma planta, ainda que fértil com o pólen de qualquer outra planta, embora mais tarde, na mesma estação, se torne capaz de autofertilização.

Darwin para J.D. Hooker,
23 jul [1871], DCP 7878

Acho que nada em minha vida científica me deu tanta satisfação quanto decifrar o significado da estrutura dessas plantas [*Primula*]. ... Após alguns experimentos adicionais, tornou-se evidente que as duas formas, embora ambas fossem perfeitos hermafroditas, têm quase a mesma relação uma com a outra que os dois sexos de um animal comum.

Autobiografia, 126-7

PARTE IV

HUMANIDADE

Caricatura, *The Hornet*, 22 mar 1871.

ORIGENS HUMANAS

Assim que fiquei convencido, no ano de 1837 ou 1838, de que as espécies eram produções mutáveis, não pude evitar a crença de que o homem deve estar submetido à mesma lei. Assim, reuni notas sobre o assunto para minha própria satisfação, e por um tempo sem nenhuma intenção de publicar. Embora em *A origem das espécies* a derivação de qualquer espécie particular nunca seja discutida, ainda assim achei melhor, para que nenhum homem honrado me acusasse de ocultar minhas opiniões, acrescentar que, pelo trabalho em questão, "luz seria lançada sobre a origem do homem e sua história".

Autobiografia, 130

Você pergunta se discutirei o "homem"; – Acho que evitarei todo o assunto, visto estar tão cercado de preconceitos, embora admita plenamente que ele é o mais elevado e mais interessante problema para o naturalista.

Darwin para A.R. Wallace,
22 dez 1857, DCP 2192

Lamento dizer que não tenho nenhuma "concepção consoladora" sobre a dignidade do homem; contento-me com o fato de que o homem irá provavelmente avançar, e não me importo muito se formos vistos como meros selvagens num futuro remotamente distante.

Darwin para Charles Lyell,
4 mai [1860], DCP 2782

Fui particularmente conduzido a isso por ter sido objeto da zombaria de que escondia minhas concepções, mas principalmente pelo interesse que sentira durante muito tempo pelo assunto.

Darwin para Alphonse e Candolle,
6 de julho de 1868, DCP 6269

As necessidades mentais dos mais ínfimos selvagens, como os australianos ou os ilhéus andamanos, estão muito pouco acima daquelas de muitos animais. ... Como então um órgão [o cérebro] foi desenvolvido muito além das necessidades de seu possuidor? A Seleção Natural só poderia ter dotado o selvagem de um cérebro um pouco superior ao de um símio, ao passo que na verdade ele possui um cérebro apenas muito pouco inferior ao dos membros médios de nossas sociedades instruídas.

Wallace, 1869, 391-2

Espero que você não tenha assassinado completamente demais seu filho e o meu.

Darwin para A.R. Wallace,
22 mar [1869], DCP 6684

Discordo profundamente de você, e lamento muito por isso. Não posso ver nenhuma necessidade de convocar uma causa adicional e mais próxima em relação ao Homem. Mas o assunto é longo demais para uma carta. Alegrou-me em particular ler sua discussão porque estou agora escrevendo e pensando muito sobre o homem.

Darwin para A.R. Wallace,
14 abr 1869, DCP 6706

Durante muitos anos reuni notas sobre a origem ou descendência do homem sem nenhuma intenção de publicar sobre o assunto, mas, ao contrário, com a determinação de não publicar, pois julgava que com isso apenas aumentaria os preconceitos contra minhas concepções. ... Agora o caso assume um aspecto inteiramente diferente. ... O maior número de naturalistas aceita a ação da seleção natural; embora alguns aleguem com ênfase (se com justiça, o futuro deverá decidir) que superestimei grandemente sua importância. Dos mais velhos e respeitados chefes na ciência natural, muitos infelizmente ainda se opõem à evolução sob todas as formas.

Darwin, 1871, vol.1, 2

Talvez fosse inteligível que a cauda de um homem se consumisse quando ele não tivesse mais ocasião de abaná-la, embora eu achasse que os selvagens ainda a teriam achado útil em climas tropicais, para afastar os insetos. ... Os argumentos nas folhas [de *A origem do homem*] que você me mandou me parecem pouco melhores que bobagens.

Whitwell Elwin para John Murray,
21 set 1870, John Murray
Archives, National Library of Scotland

O homem carrega em sua estrutura corporal claros traços de sua origem em alguma forma inferior.

Origem do homem, 1871, vol.1, 34

Os primeiros progenitores do homem foram sem dúvida, em tempos passados, cobertos de pelo, ambos os sexos com barbas; suas orelhas eram pontiagudas e dotadas de movimento; e seus corpos eram dotados de uma cauda, tendo os músculos apropriados. Seus membros e corpos sofriam também a ação de muitos músculos que agora só reaparecem ocasionalmente, mas estão em geral presentes nos Quadrúmanos. ... O pé, a julgar pela condição do dedo polegar no feto, era então preênsil; e nossos progenitores sem dúvida eram arbóreos em seus hábitos, frequentando terra cálida e coberta de floresta. Os machos eram dotados de grandes dentes caninos que lhes serviam como armas formidáveis.

Origem do homem, 1871, vol.1, 206-7

Numa série de formas que passassem insensivelmente de uma criatura simiesca ao homem tal como ele existe agora, seria impossível escolher qualquer ponto definido em que o termo "homem" deveria ser usado.

Origem do homem, 1871, vol.1, 235

Como macacos decerto compreendem muito do que lhes é dito pelo homem, e como, num estado de natureza, eles emitem gritos-sinais de perigo para seus companheiros, não parece completamente incrível que algum animal simiesco excepcionalmente sábio tivesse pensado em imitar o rosnado de um predador, de modo a indicar para seus companheiros macacos a natureza do perigo esperado. E esse teria sido o primeiro passo na formação de uma linguagem.

Origem do homem, 1871, vol.1, 57

A principal conclusão a que se chega nesta obra, a saber, que o homem descendeu de alguma forma inferiormente organizada, será, lamento pensar isso, extremamente desagradável para muitas pessoas. Mas é difícil haver dúvida de que descendemos de bárbaros. O assombro que senti ao ver pela primeira vez um grupo de Fueguinos numa costa erma e acidentada nunca será esquecido por mim, pois logo se precipitou em minha mente a reflexão – assim eram nossos ancestrais. Esses homens estavam absolutamente nus e lambuzados de tinta, seu cabelo longo era emaranhado, sua boca espumava de excitação e sua expressão era arisca, sobressaltada e desconfiada. Eles mal possuíam alguma arte, e, como animais selvagens, viviam do que podiam apanhar; não tinham nenhum governo e eram impiedosos com todos que não pertencessem à sua pequena tribo. Aquele que viu um selvagem em sua terra nativa não sentirá muita vergonha, se forçado a admitir que o sangue de alguma criatura mais humilde corre em suas veias.

Origem do homem, 1871, vol.2, 404

Dei as provas o melhor que pude; e devemos reconhecer, como me parece, que o homem, com todas as suas nobres qualidades, com a compaixão que sente pelos mais degradados, com a benevolência que se estende não só a outros homens, mas à mais humilde criatura viva, com seu divino intelecto que penetrou nos movimentos e na constituição do sistema solar – com todas esses exaltados poderes –, o Homem ainda carrega em sua estrutura corporal o selo indelével de sua origem humilde.

Origem do homem, 1871, vol.2, 405

As conclusões do sr. Darwin podem estar corretas, mas sentimos que temos agora realmente o direito de pedir que sejam provadas antes que concordemos com elas; e que, como o que o sr. Darwin declarou antes "*dever* ser", ele agora admite ser não apenas desnecessário mas falso, podemos justamente encarar com extrema desconfiança as numerosas afirmações e cálculos que, na "Origem do homem, são abertamente recomendadas por um mero '*pode* ser'".

George St. J. Mivart, 1871, 52

Em geral o livro [*A origem do homem*], penso, foi muito bem-sucedido até agora, e praticamente não fui maltratado. Várias críticas falam do estilo lúcido, vigoroso etc. – Ora, sei o quanto lhe devo nesse aspecto, o que inclui um arranjo, para não mencionar ajudas ainda importantes no raciocínio. Por isso desejo lhe dar um pequeno memento custando cerca de 25 ou 50 libras para guardar em lembrança do livro, com o qual você tomou tão imenso trabalho. Consultei a Mamãe, mas não pudemos pensar em que você gostaria, e ela, com sua costumeira sabedoria, aconselhou-me a expor o caso diante de você e deixá-la decidir como preferir… A propósito, não recebi praticamente nenhuma carta sobre a *Origem* que valha a pena guardar para você, exceto a de um galês insultando-me, chamando-me de macaco velho, com rosto peludo e crânio grande. Ficaremos muito felizes ao vê-la em casa novamente. Adeus, minha muito querida ajudante e companheira de trabalho, Seu afeiçoado pai. Ch. Darwin.

Darwin para Henrietta Darwin,
20 mar 1871, DCP 7605

RAÇA

Quando duas raças de homens se encontram, elas agem precisamente como duas espécies de animais – lutam, comem uma à outra, levam doenças uma para a outra etc., mas depois vem a luta mais mortal, a saber, qual tem as organizações ou os instintos (isto é, intelecto, no homem) mais bem adaptados para levar a melhor. … O homem reage aos agentes orgânicos e inorgânicos desta Terra como qualquer outro animal, e sofre as reações deles.

Caderno de anotações E, 63, 65

Suspeito que uma espécie de seleção sexual foi o meio mais poderoso para mudar as raças do homem. Posso mostrar que as diferentes raças têm um padrão de beleza muito diferente. Entre selvagens, os homens mais poderosos terão o direito de escolher as mulheres e irão geralmente deixar o maior número de descendentes.

Darwin para A.R. Wallace,
28 [mai 1864], DCP 4510

Provavelmente você está certo sobre todos os pontos em que toca, exceto, penso eu, sobre seleção sexual, de que não desistirei. … É um tremendo exagero acreditar que a cauda de um

Pavão foi formada assim, mas, acreditando nisso, acredito no mesmo princípio um tanto modificado aplicado ao homem.

Darwin para A.R. Wallace,
15 jun [1864], DCP 4535

O homem tende a se multiplicar numa taxa tão rápida que seus filhos são necessariamente expostos a uma luta pela existência e, por conseguinte, à seleção natural. Ele deu origem a muitas raças, algumas das quais são tão diferentes que foram com frequência classificadas por naturalistas como espécies distintas.

Embora as raças existentes de homem difiram em muitos aspectos, como em cor, cabelo, formato do crânio, proporções do corpo etc., se o conjunto de sua organização for tomado em consideração, constata-se que elas se assemelham estreitamente umas às outras numa multidão de pontos.

Origem do homem, 1871, vol.1, 231-2

A crença de que existe no homem uma relação estreita entre o tamanho do cérebro e o desenvolvimento das faculdades intelectuais é apoiada pela comparação dos crânios de selvagens e raças civilizadas, de povos antigos e modernos.

Origem do homem, 1871, vol.1, 145

Não pretendo afirmar que a seleção sexual explicará todas as diferenças entre as raças.

Origem do homem, 1871, vol.1, 249

Os homens mais fortes e mais vigorosos – aqueles que melhor poderiam defender suas famílias e caçar para elas, e, em tempos posteriores, ser os chefes ou caciques –, aqueles que eram munidos das melhores armas e que possuíam mais propriedade, tal como números maiores de cães ou outros animais, teriam tido mais sucesso em criar um maior número médio de filhos que os membros mais fracos, mais pobres e inferiores das mesmas tribos. Não pode, também, haver nenhuma dúvida de que tais homens teriam geralmente sido capazes de escolher as mulheres mais atraentes.

Origem do homem, 1871, vol.2, 368-9

Seria uma circunstância inexplicável se a seleção das mulheres mais atraentes pelos homens mais poderosos de cada tribo, que criariam em média maior número de filhos, não tivesse modificado em certa medida, após o lapso de muitas gerações, o caráter da tribo.

Origem do homem, 1871, vol.2, 369

SELEÇÃO SEXUAL

Da mesma maneira que o homem pode melhorar a raça de seus galos de briga pela seleção daquelas aves que são vitoriosas na rinha, também parece que os machos mais fortes e mais vigorosos, ou aqueles munidos das melhores armas, prevaleceram na natureza e levaram à melhoria da raça natural ou espécie.

Origem do homem, 1871, vol.1, 258

Quando os sexos diferem em cor ou em outros ornamentos, os machos, com raras exceções, são os mais ricamente decorados, seja permanente ou temporariamente durante a estação de reprodução. Eles exibem com diligência seus vários ornamentos, soltam suas vozes e executam estranhas momices na presença das fêmeas. Mesmo machos bem-armados, que, poder-se-ia pensar, teriam confiado totalmente na lei da batalha para o sucesso, estão na maioria dos casos extremamente ornamentados; e seus ornamentos foram adquiridos à custa de alguma perda de poder. Em outros casos, os ornamentos foram adquiridos à custa de risco aumentado por parte de aves de rapina e predadores.

Origem do homem, 1871, vol.2, 123

Todos os animais apresentam diferenças individuais, e assim como o homem pode modificar suas aves domesticadas selecionando os indivíduos que lhe parecem mais bonitos, também a preferência habitual ou mesmo ocasional, pela fêmea, dos machos mais atraentes iria quase certamente levar à sua modificação; e tais modificações, no curso do tempo, seriam ampliadas em quase qualquer medida compatível com a existência das espécies.

Origem do homem, 1871, vol.2, 124

O pavão com sua longa cauda mais parece um dândi que um guerreiro, mas ele às vezes se envolve em ferozes disputas.

Origem do homem, 1871, vol.2, 46

Muitos irão declarar que é completamente incrível que uma ave fêmea seja capaz de apreciar belos matizes e padrões requintados. Decerto é um fato maravilhoso que ela possua esse grau quase humano de gosto, embora talvez admire mais o efeito geral que cada detalhe separado. Aquele que pensa que consegue aferir com segurança a discriminação e o gosto dos animais inferiores talvez negue que o faisão-argus fêmea pode apreciar uma beleza tão refinada; mas será então compelido a admitir que as extraordinárias atitudes assumidas pelo macho durante o ato da corte, pelas quais a maravilhosa beleza de sua plumagem é plenamente exibida, são desprovidas de propósito; e esta é uma conclusão que de minha parte nunca admitirei.

Origem do homem, 1871, vol.2, 93

Assim como negros, bem como selvagens em muitas partes do mundo, pintam o rosto com barras vermelhas, azuis, brancas ou pretas – assim também o mandril da África parece ter adquirido sua cara profundamente sulcada e vistosamente colorida por ter se tornado desse modo atraente para a fêmea. Sem dúvida é para nós uma noção muitíssimo grotesca que a extremidade posterior do corpo tivesse de ser colorida para efeito de ornamento ainda mais brilhantemente que a cara; mas na realidade isso não é mais estranho que o fato de que as caudas de muitas aves tivessem de ser especialmente decoradas.

Origem do homem, 1871, vol.2, 296

O homem é mais poderoso em corpo e mente que a mulher, e no estado selvagem ele a mantém numa condição de servidão muito mais abjeta que o faz o macho de qualquer outro animal; portanto, não surpreende que ele tenha ganhado o poder de seleção.

Origem do homem, 1871, vol.2, 371

No que diz respeito à seleção sexual, tudo que se requer é que a escolha seja exercida antes que os pais se unam, e significa pouco que as uniões durem por toda a vida ou apenas por uma estação.

Origem do homem, 1871, vol.2, 360

Se um habitante de outro planeta comparasse vários jovens rústicos numa feira, cortejando e brigando por causa de uma moça bonita, assim como aves num de seus locais de agrupamento, ele seria capaz de inferir que ela possuía o poder de escolha somente observando a ansiedade dos cortejadores para agradá-la e exibir seus ornamentos.

Origem do homem, 1871, vol.2, 122

Minha convicção acerca do poder da seleção sexual continua inabalada; mas é provável, ou quase certo, que várias de minhas conclusões sejam no futuro consideradas errôneas; isso dificilmente deixa de acontecer no primeiro tratamento de um assunto. Quando os naturalistas tiverem se familiarizado com a ideia de seleção sexual, ela será, segundo creio, muito mais amplamente aceita; e ela já foi total e favoravelmente recebida por vários juízes capazes.

Origem do homem, 1874, vol.1, vi

MORALIDADE

Interessou-me muito ver quão diferentemente dois homens podem olhar para os mesmos pontos, embora eu saiba que soa pretensioso equiparar-me mesmo que por um momento a Kant; – Um homem [que é] um grande filósofo olhando exclusivamente para sua própria mente, o outro, um miserável degradado olhando a partir de fora através de símios e selvagens para o senso moral da humanidade.

Darwin para Frances Power Cobbe,
23 mar [1870], DCP 7149

De todas as diferenças entre o homem e os animais inferiores, o senso moral ou a consciência é de longe a mais importante.

Origem do homem, 1871, vol.1, 70

Se, por exemplo, para tomar um caso extremo, os homens fossem criados precisamente sob as mesmas condições que as abelhas-domésticas, é quase indubitável que nossas mulheres solteiras, como as abelhas-operárias, iriam considerar um dever sagrado matar seus irmãos, e as mães iriam se esforçar para matar suas filhas férteis; e ninguém pensaria em interferir.

Origem do homem, 1871, vol.1, 73

Um ser moral é um ser que é capaz de comparar suas ações ou seus motivos passados e futuros, e de aprová-los ou desaprová-los. Não temos nenhuma razão para supor que qualquer dos animais inferiores tem essa capacidade; portanto, quando um macaco enfrenta perigo para salvar seu camarada, ou toma conta de um macaco órfão, não chamamos sua conduta de moral. Mas, no caso do homem, o único que pode com certeza ser classificado como ser moral, ações de uma certa classe são chamadas de morais, quer executadas deliberadamente após uma luta com motivos opostos, quer a partir dos efeitos de hábitos paulatinamente adquiridos, ou impulsivamente através de instinto.

Origem do homem, 1871, vol.1, 88-9

Entretanto, tão logo o casamento, quer seja polígamo, quer seja monógamo, torna-se comum, o ciúme levará à inculcação da virtude feminina; e esta, sendo honrada, tenderá a se expandir para as mulheres solteiras. Quão lentamente ela se expande para o sexo masculino, vemos isso em nossos dias. A castidade requer eminentemente autocontrole; por isso ela foi honrada desde um período muito precoce da história moral do homem civilizado. Como uma consequência disso, a estúpida prática do celibato foi classificada desde um período remoto como uma virtude.

Origem do homem, 1871, vol.1, 96

Creio que qualquer dessas práticas [de contracepção] se expandiria com o tempo para mulheres pouco judiciosas e destruiria a castidade, da qual depende o vínculo familiar; e o enfraquecimento desse vínculo seria o maior de todos males possíveis para a humanidade.

Darwin para Charles Bradlaugh,
6 jun 1877, in Peart e Levy, 206, 348

INTELECTO

Não há diferença fundamental entre o homem e os mamíferos superiores em suas faculdades mentais.

Origem do homem, 1871, vol.1, 35

Não pode haver dúvida de que é imensa a diferença entre a mente do mais inferior dos homens e a do animal mais elevado.

Origem do homem, 1871, vol.1, 104

A capacidade mental de algum progenitor primitivo do homem deve ter sido mais desenvolvida que em qualquer símio existente, antes mesmo que a forma mais imperfeita de fala começasse a ser usada; mas podemos acreditar com confiança que o emprego contínuo e o progresso dessa capacidade teriam reagido sobre a mente permitindo e encorajando-a a levar avante longas linhas de pensamento.

Origem do homem, 1871, vol.1, 57

Atualmente nações civilizadas estão suplantando nações bárbaras em toda parte, exceto onde o clima opõe uma barreira mortal; e elas triunfam sobretudo, embora não exclusivamente, por meio de suas artes, que são os produtos do intelecto. Portanto, é extremamente provável que, com a humanidade, as faculdades intelectuais tenham sido gradualmente aperfeiçoadas por meio da seleção natural.

Origem do homem, 1871, vol.1, 160

Podemos concluir que o maior tamanho, força, coragem, belicosidade e até energia do homem, em comparação com as mesmas qualidades na mulher, foram adquiridos durante tempos primevos, e depois foram aumentados, principalmente por meio das disputas de machos rivais pela posse das fêmeas. O maior vigor intelectual e a capacidade de invenção no homem provavelmente se devem à seleção natural combinada com os efeitos herdados do hábito, pois os homens mais capazes teriam mais sucesso em defender e sustentar a si mesmos, suas mulheres e filhos.

Origem do homem, 1871, vol.2, 382-3

A mulher parece diferir do homem na disposição mental, principalmente em sua maior ternura e no menor egoísmo; e isso se mantém mesmo com selvagens. ... O homem é o rival de outros homens; ele se deleita na competição, e isso leva à ambição, que se transforma demasiado facilmente em egoísmo. Estas últimas qualidades parecem ser seu natural e lamentável direito hereditário. Admite-se em geral que, na mulher, os poderes de intuição, de percepção rápida e talvez de imitação são mais fortemente acentuados que no homem; mas ao menos algumas dessas faculdades são características das raças inferiores, e portanto de um estado passado e inferior da civilização.

Origem do homem, 1871, vol.2, 326-7

A principal distinção entre as capacidades intelectuais dos dois sexos é demonstrada pelo fato de o homem atingir maior eminência em tudo que empreende que a mulher – sejam as que exigem pensamento profundo, razão, ou imaginação, ou somente o uso dos sentidos e das mãos. Se fossem feitas duas listas dos homens e mulheres mais eminentes em poesia, pintura, escultura, música – compreendendo composição e execução –, história, ciência e filosofia, com meia dúzia de nomes sob cada assunto, as duas listas não seriam comparáveis.

Origem do homem, 1871, vol.2, 327

Para que a mulher atingisse o mesmo nível que o homem, ela deveria, quando quase adulta, ser treinada para a energia e a perseverança, e a ter sua razão e imaginação exercitadas ao máximo; e depois provavelmente ela transmitiria essas qualidades sobretudo para suas filhas adultas. Todo o conjunto das mulheres, contudo, não poderia ser elevado dessa maneira, a menos que durante muitas gerações as mulheres que se destacassem nessas virtudes robustas fossem casadas e produzissem filhos mais que as outras mulheres.

Origem do homem, 1871, vol.2, 329

Acho que nunca em toda a minha vida li algo tão interessante e original [F. Galton, *Hereditary Genius*, 1869]. ... Você transformou um adversário em convertido, em certo sentido, pois sempre sustentei que, excetuando os idiotas, os homens não diferem muito em intelecto, somente em zelo e trabalho árduo; e ainda acho que há uma diferença muito importante. Congratulo-o por produzir o que estou convencido de que se provará uma obra memorável.

Darwin para Francis Galton,
23 dez [1869], DCP 7032

Espero que ler as poucas páginas anexas não vá entediá-lo, e no meio você encontrará algumas frases com uma espécie de definição, ou melhor, de discussão sobre inteligência. Estou totalmente insatisfeito com ela. Tentei observar o que se passava em minha própria mente quando eu fazia o trabalho de uma minhoca. Se eu deparar com um metafísico declarado, vou lhe pedir para me dar uma definição mais técnica, com algumas palavras rebuscadas sobre o abstrato, o concreto, o absoluto e o infinito; mas, seriamente, eu agradeceria qualquer sugestão, pois dificilmente será suficiente supor que todo idiota sabe o que significa "inteligente".

Darwin para G.J. Romanes,
7 mar 1881, *More Letters*, vol.2, 213-4

Estou inclinado a concordar com Francis Galton na crença de que educação e ambiente produzem apenas um pequeno efeito sobre a mente de qualquer pessoa, e que a maior parte de nossas qualidades são inatas.

Autobiografia, 43

INSTINTOS

Caso se possa demonstrar que os instintos variam na verdade ligeiramente, não vejo nenhuma dificuldade para que a seleção natural preserve e acumule continuamente variações de instinto em qualquer medida que possa ser vantajosa. Foi assim, segundo acredito, que todos os instintos mais complexos e maravilhosos se originaram.

Origem das espécies, 1859, 209

Não vou fingir conjecturar por que passos o instinto de *F. sanguinea* [a formiga escravagista] teve origem. Mas como as formigas não escravagistas, conforme vi, sequestram pupas de outras espécies quando espalhadas perto de seus ninhos, é possível que pupas originalmente armazenadas como alimento se desenvolvam; e as formigas assim inintencionalmente criadas iriam seguir seus próprios instintos e fazer todo trabalho que pudessem. Se a presença delas se provasse útil para a espécie que as sequestrara – se fosse mais vantajoso para essa espécie capturar operárias que as procriar –, o hábito de recolher pupas originalmente para alimento seria fortalecido, por seleção natural, e se tornaria permanente para o objetivo muito diferente de criar escravas.

Origem das espécies, 1859, 223-4

Assim, segundo acredito, o mais maravilhoso de todos os instintos conhecidos, aquele das abelhas-domésticas [construindo células hexagonais em favos], pode ser explicado pelo aproveitamento, por parte da seleção natural, de numerosas, sucessivas e pequeninas modificações de instintos mais simples; a seleção natural levou pouco a pouco, de maneira cada vez mais perfeita, as abelhas a espalhar rapidamente esferas iguais a uma dada distância uma da outra, numa dupla camada, e a desenvolver e escavar a cera ao longo dos planos da interseção. As abelhas, claro, não sabem que espalharam suas esferas a uma dada distância uma da outra, assim como não sabem o que são os vários ângulos dos prismas hexagonais e das placas rômbicas basais. Que a força propulsora do processo de seleção foi a economia de cera; que o enxame individual que desperdiçou menos mel na secreção de cera teve mais êxito e transmitiu por herança seu instinto econômico recém-adquirido para novos enxames, que por sua vez terão melhor oportunidade de êxito na luta pela sobrevivência.

Origem das espécies, 1859, 235

Ninguém supõe que um dos animais inferiores reflete sobre o lugar de onde veio ou aquele para onde vai – o que é a morte ou o que é a vida, e assim por diante. Mas podemos ter certeza de que um velho cão com excelente memória e alguma capacidade de imaginação, como é mostrado por seus sonhos, nunca reflete sobre seus prazeres passados na caça? e essa seria uma forma de consciência de si mesmo. Por outro lado, como

[Georg] Büchner observou, quão pouco pode a trabalhadeira mulher de um degradado selvagem australiano, que mal usa alguma palavra abstrata e não sabe contar acima de quatro, exercer sua consciência de si mesma, ou refletir sobre a natureza de sua própria existência.

Origem do homem, 1871, vol.1, 62

A própria essência de um instinto é ser seguido independentemente da razão.

Origem do homem, 1871, vol.1, 100

Algumas ações inteligentes, após serem executadas durante várias gerações, são convertidas em instintos e são herdadas, como quando as aves em ilhas oceânicas aprendem a evitar o homem. ... O maior número dos instintos mais complexos parece ter sido adquirido de uma maneira inteiramente diferente, através da seleção natural de ações instintivas mais simples. Essas variações parecem surgir das mesmas causas desconhecidas que agem sobre a organização cerebral, que induzem pequenas variações ou diferenças individuais em outras partes do corpo; e frequentemente se diz, em razão de nossa ignorância, que essas variações surgem de modo espontâneo.

Origem do homem, 1874, 67

EXPRESSÃO DAS EMOÇÕES

Meu primeiro filho nasceu em 27 de dezembro de 1839, e imediatamente comecei a fazer anotações sobre o primeiro despontar das várias expressões que ele exibia, pois me sentia convencido, mesmo nesse período inicial, de que as nuances mais complexas e finas de expressão devem todas ter tido uma origem gradual e natural.

Autobiografia, 131-2

Dê à sra. Huxley o anexo [um questionário sobre expressões faciais] e peça-lhe para ficar atenta (ao nº 5) quando um de seus filhos estiver lutando e prestes a cair no choro. Uma cara jovem senhora aqui perto atormentou uma criança muito pequena por minha causa, até que ela chorou, e vi as sobrancelhas por um ou dois segundos lindamente oblíquas, pouco antes de a torrente de lágrimas começar.

Darwin para T.H. Huxley,
30 jan [1868], DCP 5817

Quando o *Callithrix sciureus* [ou caimiri, espécie de macaco americano] grita violentamente, ele enruga a pele em volta dos olhos como um Bebê sempre faz? Quando está gritando assim os olhos ficam banhados de umidade? Poderia pedir a Sutton [um zelador do Jardim Zoológico de Londres] para observar cuidadosamente. – Poderia fazê-lo gritar sem machucá-lo muito?

Darwin para Abraham D. Battlett,
5 jan [1870], DCP 7072

A maior parte das emoções mais complexas é comum aos animais superiores e nós. Todos viram como um cão é ciumento da afeição de seu dono se prodigalizada a qualquer outra criatura; e observei o mesmo fato com macacos. Isso mostra que os animais não somente amam, mas têm o desejo de ser amados. Animais manifestamente são capazes de emulação. Eles amam a aprovação ou o elogio; e um cão carregando uma cesta para seu dono exibe um alto grau de satisfação consigo mesmo ou orgulho. Segundo penso, não pode haver nenhuma dúvida de que o cão sente vergonha, em contraposição a medo, e algo muito semelhante a modéstia ao pedir comida com demasiada frequência. Um cão grande desdenha o rosnado de um cachorro pequeno, e a isso se pode chamar de magnanimidade.

Origem do homem, 1871, vol.1, 41-2

Eu pretendia dedicar apenas um capítulo sobre o assunto na *Origem do homem*, mas assim que comecei a reunir minhas anotações vi que ele exigiria um Tratado em separado.

Autobiografia, 131

Uma jovem chimpanzé fêmea, presa de intensa emoção, apresentou curiosa semelhança com uma criança no mesmo estado.

Ela gritava alto, com a boca escancarada, os lábios retraídos, de modo que os dentes ficavam inteiramente expostos. Agitava os braços violentamente, serrando-os às vezes sobre a cabeça.

Expressão, 140

Como as glândulas lacrimais estão sabidamente livres do controle da vontade, elas estariam sujeitas ainda a funcionar, traindo, ainda que não houvesse nenhum outro sinal exterior, os pensamentos patéticos que passam pela mente da pessoa.

Expressão, 175

Muitos anos atrás, no Jardim Zoológico, eu pus um espelho no chão diante de dois jovens orangotangos que, até onde se sabia, nunca tinham visto esse objeto antes. A princípio eles olharam fixamente para suas imagens com a mais inalterável surpresa, e mudavam frequentemente seus pontos de vista. Depois se aproximaram e projetaram seus lábios em direção à imagem, como se para beijá-la, exatamente da mesma maneira que tinham feito primeiro, um em direção ao outro, assim que foram colocados, alguns dias antes, na mesma sala. Em seguida fizeram toda sorte de caretas e se puseram em várias atitudes diante do espelho; apertaram e esfregaram a superfície; puseram as mãos a diferentes distâncias atrás dele; olharam por trás dele; e finalmente ficaram quase amedrontados, sobressaltaram-se um pouco, zangaram-se e se recusaram a continuar olhando.

Expressão, 142

Com um de meus próprios bebês, a partir de seu oitavo dia e por algum tempo depois, observei frequentemente que o primeiro sinal de um acesso de choro, quando era possível observá-lo desenvolver-se gradualmente, era uma pequena carranca pela contração dos corrugadores dos supercílios; os capilares da cabeça nua e o rosto tornavam-se ao mesmo tempo avermelhados de sangue. Assim que o acesso de choro realmente começava, todos os músculos em volta dos olhos eram fortemente contraídos, e a boca largamente aberta da maneira já descrita; de modo que nesse período precoce os traços assumiam a mesma forma que numa idade mais avançada.

Expressão, 151-2

Esforcei-me para mostrar em considerável detalhe que todas as principais expressões exibidas pelo homem são as mesmas no mundo todo. Este fato é interessante, pois proporciona um novo argumento em favor da ideia de que todas as raças descendem de uma única linhagem parental, a qual deve ter sido quase completamente humana em estrutura e, numa grande medida, em mente, antes do período em que as raças divergiram umas das outras. ... parece-me improvável no mais alto grau que tanta similaridade, ou melhor, identidade de estrutura, pudesse ter sido adquirida por meios independentes.

Expressão, 361

SOCIEDADE HUMANA

É necessário deixar a Inglaterra e ver Colônias distantes de várias nações para saber que gente maravilhosa são os ingleses.

Darwin para E.C. Darwin,
14 fev 1836, DCP 298

A perfeita igualdade entre os indivíduos que compõem essas tribos [fueguinas] deve retardar por um longo tempo sua civilização. Assim como vemos que aqueles animais cujo instinto os compele a viver em sociedade e obedecer a um chefe são mais capazes de melhoramentos, o mesmo acontece com as raças da humanidade. Quer vejamos isso como uma causa ou uma consequência, os mais civilizados sempre têm os governos mais artificiais.

Diário de pesquisas, 1839, 142

Onde quer que o europeu tenha pisado, a morte parece perseguir o aborígene. Podemos olhar para a ampla extensão das Américas, Polinésia, o cabo da Boa Esperança e a Austrália, e encontraremos o mesmo resultado. ... As variedades de homem parecem agir umas sobre as outras; da mesma maneira que diferentes espécies de animais – as mais fortes sempre extirpando as mais fracas.

Diário de pesquisas, 1839, 520

Em geral, como um lugar de punição [Nova Gales do Sul, Austrália], o objetivo provavelmente não é alcançado; como um real sistema de reforma ele fracassou, como talvez o faria qualquer outro plano: mas como meio de tornar os homens externamente honestos – de converter os vagabundos mais inúteis em um hemisfério em cidadão ativos em outro, dando origem a um novo e esplêndido país – um grande centro de civilização –, ele teve êxito num grau talvez sem paralelo na história.

Diário de pesquisas, 1839, 532

Você tem uma imensa, incalculável vantagem vivendo num país [Austrália] em que seus filhos decerto serão bem-sucedidos caso sejam industriosos. Eu lhe asseguro que, embora eu seja um homem rico, quando penso no futuro, muitas vezes desejaria ardentemente estar estabelecido em uma de nossas Colônias, pois tenho agora quatro filhos homens (sete crianças ao todo, e outras por chegar), e para que diabos educá-los, eu não sei. Um rapaz aqui pode trabalhar como escravo durante anos em qualquer profissão e não ganhar um centavo. Muita gente julga que o ouro da Califórnia vai deixar semiarruinados todos aqueles que vivem dos juros de ouro ou de capital acumulado, e se isso de fato acontecer sem dúvida vou emigrar.

Darwin para Syms Covington,
23 nov 1850, DCP 1370

Recebi num Jornal de Manchester uma sátira bastante boa, mostrando que provei que "poder é direito", e portanto que Napoleão [o imperador Napoleão III da França] está certo e todo Comerciante trapaceiro está certo também.

Darwin para Charles Lyell,
4 mai [1860], DCP 2782

Obscuro como é o problema do avanço da civilização, podemos ao menos ver que uma nação que produziu durante um período prolongado o maior número de homens altamente intelectuais, vigorosos, corajosos, patrióticos e benevolentes iria em geral prevalecer sobre nações menos favorecidas.

Origem do homem, 1871, vol.1, 180

O controle principal ou fundamental do contínuo aumento do homem é a dificuldade de ganhar subsistência e viver com conforto. Podemos inferir que esse é o caso a partir do que vemos, por exemplo, nos Estados Unidos, onde a subsistência é fácil e há abundância de espaço. Se esses meios fossem subitamente duplicados na Grã-Bretanha, nosso número logo seria dobrado. Com nações civilizadas, o mencionado controle principal age sobretudo restringindo os casamentos. O maior índice de mortalidade de bebês nas classes mais pobres é também muito importante; assim como a maior mortalidade em todas as idades, e por várias doenças, entre os habitantes de casas apinhadas e miseráveis. Os efeitos de epidemias severas e guerras são logo contrabalançados, e mais que contrabalançados, em nações postas sob condições favoráveis. A emigração também vem em ajuda como controle temporário, mas não numa larga medida com as classes extremamente pobres.

Origem do homem, 1871, vol.1, 131-2

Entre selvagens, os fracos de corpo ou mente são logo eliminados; e aqueles que sobrevivem em geral exibem um vigoroso estado de saúde. Nós, homens civilizados, por outro lado, fazemos o máximo esforço para refrear o processo de eliminação; construímos asilos para os imbecis, aleijados e doentes; instituímos leis de proteção aos pobres; e nossos médicos exercem sua máxima habilidade para salvar a vida de todos até o último instante. Há motivos para crer que a vacinação preservou milhares que, em razão de uma constituição fraca, teriam outrora sucumbido à varíola. Assim, os membros fracos das sociedades civilizadas propagam sua espécie. Ninguém que tenha se ocupado da criação de animais domésticos duvidará que isso deva ser extremamente prejudicial à raça do homem.

Origem do homem, 1871, vol.1, 168

Em todos os países civilizados o homem acumula bens e os lega a seus filhos. De tal modo que as crianças do mesmo país em absoluto começam em pé de igualdade na corrida para o sucesso. Mas este está longe de ser um mal não harmônico; pois sem a acumulação de capital as artes não poderiam progredir; e é sobretudo pelo seu poder que as raças civilizadas propagaram, e estão agora propagando em toda parte, seu âmbito, de modo a tomar o lugar das raças inferiores.

Origem do homem, 1871, 169

A presença de um corpo de homens bem-instruídos, que não têm de trabalhar para seu pão de cada dia, é importante num grau que não pode ser superestimado; pois todo trabalho intelectual elevado é feito por eles, e de tal trabalho depende fundamentalmente o progresso material de todos os tipos, para não mencionar outras e superiores vantagens. Sem dúvida a riqueza quando muita tende a converter os homens em inúteis preguiçosos, mas seu número nunca é grande; e algum grau de eliminação ocorre aqui, pois diariamente vemos homens ricos, que por acaso são idiotas ou pródigos, esbanjando toda a sua riqueza.

Origem do homem, 1871, vol.1, 169-70

Os homens ricos através de primogenitura são capazes de selecionar geração após geração as mulheres mais bonitas e encantadoras; e estas devem geralmente ter um corpo são e uma mente ativa. As consequências nefastas, tais como podem ser, da preservação contínua da mesma linha de descendência, sem nenhuma seleção, são controladas pelo fato de homens de posição social elevada sempre desejarem aumentar sua fortuna e seu poder; e eles levam isso a cabo casando-se com herdeiras.

Origem do homem, 1871, vol.1, 170

Há aparentemente muita verdade na crença de que o maravilhoso progresso dos Estados Unidos, bem como o caráter do seu povo, são resultado de seleção natural; os homens mais vigorosos, inquietos e corajosos de todas as partes da Europa emigraram durante as últimas dez ou doze gerações para esse grande país e ali tiveram seu melhor êxito.

Origem do homem, 1871, vol.1, 179

Acreditar que o homem era civilizado desde os primórdios e depois sofreu completa degradação em tantas regiões é adotar uma concepção lamentavelmente baixa da natureza humana. Concepção claramente mais verdadeira e alentadora é que o progresso foi muito mais geral que o retrocesso; que o homem se elevou, por meio de passos lentos e descontínuos, de uma condição inferior ao nível mais elevado atingido por ele até agora em conhecimento, moral e religião.

Origem do homem, 1871, vol.1, 183-4

O avanço do bem-estar da humanidade é um problema muitíssimo intrincado: todos os que não podem evitar a pobreza abjeta para seus filhos deveriam se abster de se casar; pois a pobreza não é somente um grande mal, ela tende a alimentar seu próprio aumento levando à irresponsabilidade no casamento. Por outro lado, como o sr. Galton observou, se os prudentes evitam o casamento, enquanto os imprudentes se casam, os membros inferiores tenderão a suplantar os melhores membros da sociedade.

Origem do homem, 1871, vol.2, 403

Entre nações altamente civilizadas o progresso contínuo depende num grau secundário de seleção natural; pois essas nações não suplantam e exterminam umas às outras como fazem as tribos selvagens. Ainda assim, os membros mais inteligentes dentro da mesma comunidade terão mais êxito a longo prazo que os inferiores, e deixarão uma progênie mais numerosa, e esta é uma forma de seleção natural. As causas mais eficientes de progresso parecem consistir numa boa educação durante a juventude, enquanto o cérebro é impressionável, e num alto nível de excelência inculcado pelos homens mais capazes e melhores, incorporado em leis, costumes e tradição da nação, e imposto pela opinião pública.

Origem do homem, 1874, 143

PARTE V

SOBRE ELE MESMO

Darwin, fotografia de Julia Margaret Cameron, 1868.

CRENÇA RELIGIOSA

Enquanto estava a bordo do *Beagle* eu era inteiramente ortodoxo, e lembro que vários dos oficiais riram de mim às gargalhadas (embora eles mesmos fossem ortodoxos) por citar a Bíblia como uma autoridade incontestável sobre algum ponto de moralidade. Suponho que foi a novidade do argumento que os divertiu.

Autobiografia, 85

Entre as cenas que estão profundamente gravadas em minha mente, nenhuma é mais sublime que as florestas primevas não desfiguradas pela mão do homem; sejam aquelas do Brasil, onde os poderes da Vida são predominantes, ou aquelas da Terra do Fogo, onde morte e Decadência prevalecem. Ambas são templos cheios das variadas produções do Deus da Natureza: ninguém pode ficar impassível nessas solidões e não sentir que há mais no homem que o mero alento de seu corpo.

Diário de pesquisas, 1839, 604-5

Em meu Diário eu escrevi que, enquanto nos encontramos no meio do esplendor de uma floresta brasileira, "não é possível dar uma ideia adequada dos elevados sentimentos de assombro, admiração e devoção que enchem e elevam a mente". Lembro-me bem de minha convicção de que há mais no homem que o mero alento de seu corpo. Mas agora as cenas mais grandiosas não fariam nenhuma dessas convicções e sentimentos surgirem em minha mente.

Autobiografia, 91

Passei pouco a pouco a descrer no Cristianismo como uma revelação divina. ... Mas relutei muito em abandonar minha fé; – tenho certeza disso porque posso me lembrar bem de inventar com muita frequência devaneios sobre cartas antigas entre romanos eminentes e manuscritos descobertos em Pompeia ou outros lugares que confirmavam da maneira mais notável tudo que estava escrito nos Evangelhos. Mas pareceu-me cada vez mais difícil, dando livre curso à minha imaginação, inventar provas suficientes para me convencer. Assim, a incredulidade se apoderou de mim num ritmo muito lento, mas foi finalmente completa. O ritmo foi tão lento que não senti nenhuma angústia, e desde então nunca duvidei nem por um único segundo de que minha conclusão era correta.

Autobiografia, 86-7

Na verdade, dificilmente consigo entender como alguém deve desejar que o Cristianismo seja verdadeiro; pois nesse caso a linguagem clara do texto parece mostrar que os homens que não creem, e isso incluiria meu Pai, Irmão e quase todos os meus melhores amigos, serão perpetuamente punidos. E essa é uma doutrina execrável.

Autobiografia, 87

Que há muito sofrimento no mundo ninguém contesta. Alguns tentaram explicar isso em referência ao homem imaginando que ele serve para seu aperfeiçoamento moral. Mas o número de homens no mundo não é nada comparado com aquele de todos os outros seres sensíveis, e estes com frequência sofrem enormemente sem nenhum aperfeiçoamento moral. Um ser tão poderoso e tão cheio de conhecimento como um Deus que pôde criar o Universo é para nossas mentes finitas onipotente e onisciente, e revolta nossa compreensão supor que sua benevolência não seja ilimitada, pois que vantagem pode haver nos sofrimentos de milhões dos animais inferiores durante um tempo quase interminável? Essa discussão antiquíssima que opõe a existência de sofrimento e a existência de uma primeira causa inteligente parece-me forte; enquanto, como acaba de ser observado, a presença de muito sofrimento condiz bem com a concepção de que todos os seres orgânicos foram desenvolvidos através de variação e seleção natural.

Autobiografia, 90

Não há nenhuma prova de que desde os primórdios o homem fosse dotado da crença enobrecedora na existência de um Deus Onipotente. Ao contrário, há amplos indícios, fornecidos não apenas por viajantes apressados, mas por homens que residiram por muito tempo com selvagens, de que houve e ainda há numerosas raças que não têm a mínima ideia de um ou mais deuses, e que não têm palavras em suas línguas para expressar essa ideia. É evidente que a questão é inteiramente distinta daquela superior, a saber, se existe um Criador e Soberano do Universo; e isso foi respondido por uma afirmativa pelos mais elevados intelectos que jamais viveram.

Origem do homem, 1871, vol.1, 65

Tão logo as importantes faculdades de imaginação, assombro e curiosidade, juntamente com alguma capacidade de raciocínio, haviam se tornado parcialmente desenvolvidas, o homem teria ansiado naturalmente por compreender o que se passava à sua volta, e especulou vagamente sobre sua própria existência.

Origem do homem, 1871, vol.1, 65

O sentimento de devoção religiosa é extremamente complexo, consistindo em amor, completa submissão a um ser superior exaltado e misterioso, uma forte sensação de dependência, medo, reverência, gratidão, esperança no futuro e talvez outros elementos. Nenhum ser poderia experimentar emoção tão complexa antes de ter avançado em suas faculdades intelectuais e morais até pelo menos um grau moderadamente alto. Ainda assim vemos alguma aproximação distante desse estado mental no profundo amor de um cão por seu dono, associado à completa submissão, a algum medo e talvez outros sentimentos.

Origem do homem, 1871, vol.1, 68

Em relação à imortalidade, nada me mostra o quanto ela é uma crença forte e quase instintiva como a consideração da concepção que hoje tem a maioria dos físicos, a saber, que o Sol, com todos os planetas, irá com o tempo se tornar frio demais para a vida, a menos que algum grande corpo colida com o Sol e assim lhe dê vida nova. – Acreditando como acredito que o homem no futuro distante será uma criatura muito mais perfeita do que é hoje, é um pensamento intolerável que ele e todos os outros seres sensíveis estejam condenados à completa aniquilação depois de um progresso tão lento e duradouro. Para aqueles que admitem plenamente a imortalidade da alma humana, a destruição de nosso mundo não parecerá tão terrível.

Autobiografia, 92

Ao refletir dessa maneira, sinto-me compelido a me voltar para uma Causa Primeira dotada de mente inteligente em algum grau análoga à do homem; e mereço ser chamado de Deísta. Essa conclusão era forte em minha mente por volta da época, até onde posso lembrar, em que escrevi *A origem das espécies*; e foi desde então que ela muito gradualmente e com muitas flutuações tornou-se mais fraca.

Autobiografia, 92-3

O estado mental que cenas grandiosas outrora excitavam em mim, e que era intimamente conectado com uma crença em Deus, não diferia em essência daquilo que muitas vezes se chama senso de sublimidade; e por mais difícil que possa ser explicar a gênese desse senso, ele provavelmente não pode ser apresentado como um argumento em prol da existência de Deus, mais que os sentimentos poderosos embora vagos e similares excitados pela música.

Autobiografia, 91-2

O sr. Darwin me pede para dizer que ele recebe tantas cartas que não pode responder a todas elas. Ele considera que a teoria da evolução é inteiramente compatível com a crença em um Deus; mas que o senhor deve se lembrar de que diferentes pessoas têm diferentes definições de Deus.

Darwin para N.A. von Mengden,
8 abr 1879, com a letra de
Emma Darwin, DCP 11981

Quais podem ser minhas próprias concepções, essa é uma questão sem importância para qualquer pessoa que não eu mesmo. Mas como o senhor pergunta, posso declarar que meu julgamento frequentemente flutua. ... Em minhas flutuações mais extremas nunca fui um ateu no sentido de negar a existência de um Deus. – Acho em geral (e cada vez mais, à medida que envelheço), mas nem sempre, que um agnóstico seria a descrição mais correta de meu estado de espírito.

Darwin para John Fordyce,
7 mai 1879, DCP 12041

Embora eu seja um forte defensor do livre pensamento sobre todos os assuntos, parece-me, contudo (seja correta ou erroneamente), que argumentos diretos contra o Cristianismo e o teísmo dificilmente produzem algum efeito no público; e a liberdade de pensamento é mais bem promovida pela iluminação gradual da mente dos homens, o que decorre do progresso da ciência. Portanto, sempre foi meu objetivo evitar escrever sobre religião, e limitei-me à ciência. Porém, posso ter sido indevidamente influenciado pela dor que causaria a alguns membros de minha família se eu ajudasse de algum modo os ataques diretos à religião.

Darwin para E.B. Aveling,
13 out 1880, DCP 12757

Caro senhor, lamento ter de informá-lo que não acredito na Bíblia como uma revelação divina, e portanto não acredito em Jesus Cristo como o filho de Deus.

Darwin para Frederick McDermott,
24 nov 1880, catálogo de vendas
Bonhams, Nova York, set 2015

Depois a conversa caiu sobre o Cristianismo, e estas palavras notáveis foram proferidas: "Nunca abandonei o Cristianismo até que tinha quarenta anos de idade." ... Diante de mais perguntas, contou-nos que tinha, em sua maturidade, investigado as alegações do Cristianismo. Perguntado por que o abandonou, a resposta, simples e suficiente para tudo, foi: "Ele não é respaldado por provas."

Aveling, 1883, 5-6, 7

Há uma frase na Autobiografia que desejo muito omitir, sem dúvida, em parte, porque a opinião de seu pai de que *toda* moralidade se desenvolveu por evolução é penosa para mim, mas também porque onde a frase entra, ela causa na pessoa uma espécie de choque – e daria uma abertura para dizer, embora injustamente, que ele considerava todas as crenças espirituais não mais elevadas que aversões ou simpatias hereditárias, como o medo que os macacos têm de cobras. … Eu gostaria se possível de evitar afligir os amigos religiosos de seu pai que são profundamente afeiçoados a ele, e imagino comigo mesma a maneira como essa frase os atingiria, mesmo aqueles tão liberais quanto Ellen Tollett e Laura, muito mais o almirante Sullivan, tia Caroline etc. … e até os velhos criados.

Emma Darwin para Francis Darwin,
in Barlow, 1958, 93, nota

SAÚDE

Em 24 de outubro [1831] instalei-me em Plymouth e lá permaneci até 27 de dezembro, quando o *Beagle* finalmente deixou as terras da Inglaterra para sua circum-navegação do mundo. Fizemos duas tentativas anteriores de zarpar, mas fomos impelidos de volta a cada vez por fortes vendavais. Esses dois meses em Plymouth foram os mais horríveis que já passei, embora eu tenha me esforçado de várias maneiras. Eu estava desolado ante a ideia de deixar toda a minha família e meus amigos por tempo tão longo, e as condições meteorológicas me pareciam inexprimivelmente lúgubres. Fui também perturbado por palpitações e dor em volta do coração, e, como muitos jovens ignorantes, especialmente um jovem com alguma tintura de conhecimento médico, fiquei convencido de que tinha uma doença cardíaca. Não consultei nenhum médico, pois estava certo de que ouviria o veredicto de que não estava apto para a viagem, e estava decidido a ir, correndo qualquer risco.

Autobiografia, 79-80

Durante todo o outono e o inverno passados minha saúde ficou cada vez pior; enjoos constantes, mãos trêmulas e vertigem; pensei que iria morrer. Tendo ouvido falar de muito sucesso, em alguns casos, do Tratamento por Água Fria, decidi abandonar todas as tentativas de fazer qualquer coisa e vir aqui [Malvern], me pôr sob os cuidados do dr. [William] Gully. Ele foi satisfatório numa medida considerável: meu enjoo foi muito refreado e ganhei considerável força. O dr. G., além disso (e fiquei sabendo que ele raramente fala em caráter confidencial), me diz ter pouca dúvida de que pode me curar com o tempo. Levará tempo, contudo.

Darwin para J.S. Henslow,
6 mai 1849, DCP 1241

Tenho muita dúvida de que estarei disposto para o [Philosophical] Club; as férias dos Meninos estão chegando ao fim e há doença em nossa casa. Minha esposa volta e meia fica indisposta, e Lenny tem dias ruins muito frequentes, com pulsação muito intermitente. – Livramo-nos de considerável ansiedade porque George tem aparentemente uma febre baixa regular, mas ela desapareceu e prejudicou apenas uma quinzena de suas férias. Ó, saúde, saúde, és o meu tormento de todos os dias e todas as noites, e faz cessar todo o prazer na vida. Etty continua muito fraca. – Mas eu realmente peço perdão, é muito tolo e fraco gemer dessa maneira. Todos têm seu fardo pesado neste mundo.

Darwin para J.D. Hooker,
15 jan [1858], DCP 2203

Passei recentemente uma semana muito agradável em Moor Park, a Hidropatia e a Ociosidade me fizeram um bem maravilhoso, e caminhei um dia mais de sete quilômetros – façanha verdadeiramente hercúlea para mim!

Darwin para W.D. Fox,
13 nov [1858], DCP 2360

Minha saúde tem estado muito má; estou me tornando tão fraco quanto uma criança, e incapaz de fazer qualquer coisa exceto minhas três horas de trabalho diário com provas tipográficas. – Deus sabe se serei bom para qualquer coisa novamente – talvez um longo descanso e hidropatia possam fazer alguma coisa.

Darwin para J.D. Hooker,
1º set [1859], DCP 2485

Estive conversando com minha esposa e ela se junta a mim com entusiasmo para perguntar se a sra. Huxley não gostaria de vir para cá por uma quinzena trazendo todas as crianças e a babá. Mas devo deixar claro que esta Casa é terrivelmente tediosa e melancólica. Minha esposa vive no segundo andar, com minha menina, e pouco veria a sra. Huxley, exceto na hora das refeições; e meu estômago está habitualmente tão mal que nunca passo todo o serão nem com meus parentes mais próximos. Se a sra. Huxley pudesse se convencer a vir, ela deveria ver esta casa exatamente como se fosse uma estalagem rural a que ela fosse em busca de uma mudança de ares.

Darwin para T.H. Huxley,
22 fev [1861], DCP 3066

Se [J.S.] Henslow, como você pensou, realmente gostaria de me ver, eu partiria, claro, imediatamente. Ao mesmo tempo, havia me ocorrido a ideia de propor isso, e a única razão pela qual não o fiz foi porque a viagem, com sua agitação, provavelmente faria com que eu chegasse completamente prostrado. Eu estou certo de que teria severos vômitos depois, mas isso não tem muita importância, porém duvido que eu suportasse a agitação no momento. Minha fraqueza nunca me pareceu um mal maior. ... Suponho que haja alguma Estalagem em que eu pudesse ficar, pois não gostaria de me alojar na Casa (mesmo que você tivesse condições de me abrigar), afinal minha ânsia de vômito tende a ser extremamente ruidosa.

Darwin para J.D. Hooker,
23 [abr 1861], DCP 3125

Não pensei de maneira alguma que produzi um "efeito tremendo" sobre a Linn. Soc. [a Linnean Society of London]; mas, por Deus, a Linn. Soc. produziu um tremendo efeito sobre mim, porque vomitei a noite toda e não consegui sair da cama até tarde, na noite seguinte, de modo que realmente me arrastei para casa. – Temo que deva desistir de tentar ler qualquer artigo ou falar. É uma horrorosa chateação que eu não possa fazer nada como as outras pessoas.

Darwin para J.D. Hooker,
9 [abr 1862], DCP 3500

Hurra! Passei 52 horas sem vomitar!

Darwin para J.D. Hooker,
26[-27] mar [1864], DCP 4436

Minha doença não advém de mera irritabilidade do estômago, mas é sempre causada por secreções ácidas e mórbidas. ... Por 25 anos, extrema flatulência espasmódica dia e noite: vômitos ocasionais; em duas ocasiões, prolongados durante meses. Extrema secreção de saliva com flatulência. Vômitos precedidos por tremores, choro histérico, sensação de morte ou semidesmaio e urina copiosa, muito pálida. Agora, vômitos, e cada paroxismo de flatulência precedido por zumbido no ouvido, tontura, oprimindo a respiração e a visão, focos e pontos pretos. Tudo cansa; ler, em especial, provoca esses sintomas na cabeça. ... (O que eu vomito é intensamente ácido, viscoso (às vezes amargo), corrói os dentes.) Médicos perplexos dizem gota suprimida, Família gotosa. ... Pés frios. – Pulso 58 a 62 – ou mais lento e filiforme. Apetite bom – não fraco. Evacuação regular e boa. Urina escassa (porque não bebo), frequentemente muito sedimento rosado quando frio – rara dor de cabeça ou náusea. – Não posso andar mais de oitocentos metros – sempre cansado –, conversa ou agitação me cansam extremamente. ... Eczema (agora constante) lumbago-traseiro-brotoeja.

Darwin para o dr. John Chapman,
16 mai [1865], DCP 4834

POLÍTICA

Nunca vi os jornais tão profundamente interessantes [sobre a Guerra Civil, 1862-65]. A América do N. não faz justiça à Inglaterra: não vi ou soube de nenhuma alma que não esteja com o Norte. Alguns poucos, e eu sou um, até pedem a Deus, embora com o preço de milhões de vidas, que o Norte proclame uma cruzada contra a Escravidão. No final das contas, um milhão de mortes horríveis seriam amplamente compensadas na causa da humanidade. ... Meu Deus, como eu gostaria de ver aquela que é a maior maldição sobre a Terra, a Escravidão, abolida.

Darwin para Asa Gray,
5 jun [1861], DCP 3176

É surpreendente para mim que você tenha força de espírito para cuidar da ciência em meio aos acontecimentos medonhos que ocorrem todos os dias em seu país. Examino diariamente o *Times* com quase tanto interesse quanto um americano poderia tê-lo. Quando virá a paz: é aflitivo pensar na desolação de grandes partes de seu magnífico país; e todo o indizível tormento sofrido por muitos.

Darwin para Asa Gray,
10-20 jun [1862], DCP 3595

A escravidão me puxa um dia para um lado e outro dia para outro. Mas certamente os Ianques são inteiramente detestáveis para conosco. – Que nova ideia de Luta pela existência como algo necessário para tentar expurgar um governo! Ouso dizer que ela é muito verdadeira.

Darwin para J.D. Hooker,
24 dez [1862], DCP 3875

Nossa aristocracia é mais bonita (mais horrorosa para um chinês ou um negro) que a classe média graças à escolha de mulheres; mas, ó, que esquema é a primogenitura para destruir a Seleção N.

Darwin para A.R. Wallace,
28 [mai 1864], DCP 4510

O grande pecado da Escravidão foi quase universal, e escravos foram frequentemente tratados de maneira infame. Como bárbaros não respeitam a opinião de suas mulheres, viúvas são comumente tratadas como escravas. A maior parte dos selvagens é completamente indiferente aos sofrimentos dos estranhos, ou até sentem prazer testemunhando-os.

Origem do homem, 1871, vol.1, 94

CIÊNCIA

Parece-me que fazer o *pouco* possível para aumentar o patrimônio geral de conhecimento é um objetivo de vida tão respeitável quanto, com alguma probabilidade, se pode perseguir.

Darwin para E.C. Darwin
22 mai-14 jul 1833, CDP 206

Durante estes dois anos [1837-39] fiz várias excursões curtas como relaxamento, e uma mais longa às estradas paralelas de Glen Roy [Escócia], cujo relato foi publicado nas *Philosophical Transactions* [*of the Royal Society*]. Esse artigo foi um grande fracasso, e envergonho-me dele. Profundamente impressionado com o que eu tinha visto da elevação da terra na América do S., atribuí as linhas paralelas à ação do mar; mas tive de abandonar essa concepção quando [Louis] Agassiz propôs sua teoria do lago glacial. Como nenhuma outra explanação era possível sob nosso estado de conhecimento na época, argumentei em favor da ação do mar; e meu erro foi uma boa lição para eu nunca confiar na ciência segundo o princípio da exclusão.

Autobiografia, 84

Acredito firmemente que sem especulação não há observação boa e original.

Darwin para A.R. Wallace,
22 dez 1857, DCP 2192

Como é estranho o fato de nem todos verem que qualquer observação deve ser a favor ou contra alguma concepção, se quiser ter alguma utilidade.

Darwin para Henry Fawcett,
18 set [1861], DCP 3257

Às vezes sinto-me um pouco tentado a abandonar as Espécies e me ater a experimentos; eles são muito mais divertidos.

Darwin para J.D. Hooker,
9 fev [1862], DCP 3440

Não apreciei completamente seu caso do mergulho do inseto antes da sua última nota; tampouco tinha qualquer ideia de que o fato era novo, embora fosse novo para mim. Ele é realmente muito interessante. Claro que você publicará um relato disso. Dirá então se o inseto pode voar bem pelo ar. Minha esposa perguntou como ele descobriu que o inseto permaneceu quatro horas debaixo d'água sem respirar; respondi imediatamente: "A sra. Lubbock passou quatro horas sentada vigiando." Pergunto-me se estou certo.

Darwin para John Lubbock,
5 set [1862], DCP 3713

Pareço um pouco um jogador, gosto de um experimento extravagante.

Darwin para J.D. Hooker,
26 [mar 1863], DCP 4661

Perdoe-me por sugerir um cuidado; como disse Demóstenes, "ação, ação, ação" era a alma da eloquência, assim o cuidado é quase a alma da ciência. Por favor, tenha em mente que, se uma única vez o naturalista é considerado, embora injustamente, não confiável de todo, serão necessários longos anos antes que ele possa recuperar a reputação de exatidão.

Darwin para Anton Dohrn,
4 jan 1870, DCP 7070

Com frequência se assevera, de forma confiante, que a origem do homem nunca será conhecida; porém, na maior parte das vezes, a ignorância gera confiança, mais do que o faz o conhecimento: são aqueles que sabem pouco, e não aqueles que sabem muito, que afirmam tão positivamente que este ou aquele problema jamais será resolvido pela ciência.

Origem do homem, 1871, vol.1, 3

Falsos fatos são altamente prejudiciais ao progresso da ciência, pois frequentemente duram muito; mas falsas concepções, se corroboradas por alguns indícios, fazem pouco mal, pois todos sentem um prazer salutar em provar sua falsidade; e, quando isso é feito, um caminho para o erro é fechado e, ao mesmo tempo, se abre a estrada para a verdade.

Origem do homem, 1871, vol.2, 385

Estive especulando ontem à noite o que torna o homem um descobridor de coisas não descobertas; trata-se de um problema extremamente intrigante. – Muitos homens bastante inteligentes – muito mais inteligentes que descobridores – nunca originam nada. Até onde posso conjecturar, a arte consiste em procurar habitualmente as causas e o significado de tudo o que ocorre. Isso envolve observação aguçada e requer tanto conhecimento quanto possível do assunto investigado.

Darwin para Horace Darwin
[15 dez 1871], DCP 8107

Divertimo-nos muito uma tarde porque George [Darwin] contratou um médium que fez as cadeiras, uma flauta, uma campainha e um castiçal e pontos de fogo pularem de um lado para outro na sala de jantar de meu Irmão, de uma maneira que estarreceu a todos e deixou-os sem fôlego. Estávamos no escuro, mas George e Hensleigh [Wedgwood] seguraram as mãos e os pés do médium de ambos os lados o tempo todo. Achei tão quente e cansativo que fui embora antes que esses milagres estarrecedores acontecessem. Como o homem pôde fazer o que foi feito, isso ultrapassa minha compreensão. Desci a escada e vi todas as cadeiras etc. etc. sobre a mesa, que tinha sido levantada acima da cabeça dos que estavam sentados à volta dela. O Senhor tenha misericórdia de nós, se tivermos de acreditar nessa tolice. F. Galton estava lá e diz que foi uma boa sessão.

Darwin para J.D. Hooker
18 jan [de 1874], DCP 9247

Talvez você tenha visto nos jornais que a Soc. de Turim me honrou num grau extraordinário concedendo-me o prêmio Bressa. Agora me ocorreu que, se sua Estação [Stazione Zoologica di Napoli] quisesse algum aparelho no valor de cem libras, eu gostaria muito que me fosse permitido pagar por ele.

Darwin para Anton Dohrn,
15 fev 1880, in Gröben 1982, 70

A partir de citações que eu vira, eu tinha um elevado conceito dos méritos de Aristóteles, mas não possuía a mais remota noção de que homem maravilhoso ele era. Lineu e Cuvier foram meus dois deuses, embora de maneiras muito diferentes, mas eram meros escolares perto do velho Aristóteles.

Darwin para William Ogle
22 fev 1882, in Gotthelf, 1999, 4

Esforcei-me constantemente para manter minha mente livre, de modo a abandonar minha hipótese, por mais amada que fosse (e não posso resistir a formar uma hipótese sobre todos os assuntos), assim que se demonstra que os fatos são opostos a ela. Na verdade não tive escolha senão agir dessa maneira, pois, com exceção dos Recifes de Coral, não posso me lembrar de uma única hipótese formada de início que não tenha tido após um tempo de ser abandonada ou enormemente modificada. Isso me levou naturalmente a desconfiar de um raciocínio muito dedutivo nas ciências mistas.

Autobiografia, 141

ESCRITA

Só agora começo a descobrir a dificuldade de expressar as próprias ideias no papel. Enquanto se trata unicamente de descrição, é bastante fácil; mas onde o raciocínio entra em jogo, fazer uma conexão adequada, com uma clareza e fluência moderada, isso é para mim, como eu disse, uma dificuldade da qual não tinha nenhuma ideia.

Darwin para C.S. Darwin,
29 abr 1836, DCP 301

Acho o estilo [de *A origem das espécies*] incrivelmente ruim, extremamente obscuro e cheio de dificuldades.

Darwin para John Murray,
14 jun [1859], DCP 2469

Para mim, observar é um entretenimento muito melhor que escrever.

Darwin para Henry Fawcett,
18 set [1861], DCP 3257

Escrevendo, ele às vezes mostrava a mesma tendência a expressões fortes que demonstrava na conversa. Assim, em *A origem das espécies* (p.440 do original), há a descrição de um cirrípide larvar "com seis pares de patas natatórias lindamente construídas, um par de magníficos olhos compostos e antenas extremamente complexas". Costumávamos rir dele por causa dessa frase, que comparávamos a um anúncio. Essa tendência a se entregar à configuração entusiástica de seu pensamento, sem medo de ser ridículo, aparece em outros lugares de seus escritos.

F. Darwin,
Life and Letters, vol.1, 156

Escreva o livro cuidadosamente e depois revise-o de novo, riscando todas as frases que pareçam particularmente bem compostas.

Conselho a H.W. Bates,
in "Obituary of Henry Walter Bates",
Proceedings of the Royal Geographical Society, vol.14, n.4, 251

Parece haver uma espécie de fatalidade em minha mente, levando-me a expressar a princípio minha afirmação e proposição de uma forma errada e canhestra. Antigamente eu costumava pensar sobre a frase antes de escrevê-la; mas de alguns anos para cá descobri que poupa tempo rabiscar páginas inteiras com uma letra péssima, o mais depressa possível, abreviando metade das palavras; e depois corrigir com cuidado. Frases rabiscadas dessa maneira com frequência são melhores que as que eu teria escrito de forma premeditada.

Autobiografia, 136-7

Posso mencionar que mantenho de trinta a quarenta pastas, em armários com prateleiras rotuladas, em que posso incluir imediatamente uma referência solta ou um memento. Comprei muitos livros e, no fim deles, faço um índice de todos os fatos que dizem respeito ao meu trabalho; ou, se o livro não for meu, escrevo um resumo separado, e tenho uma grande gaveta cheia desses resumos. Antes de começar a escrever sobre qualquer assunto, recorro a todos os índices curtos e faço um índice geral e classificado; e, pegando uma ou mais pastas apropriadas, tenho toda a informação reunida durante minha vida pronta para ser usada.

Autobiografia, 137-8

Por favor, leia o cap. [provas tipográficas de *A origem do homem*] primeiro do começo ao fim sem um lápis na mão, para avaliar o plano geral; assim como, também, desejo saber particularmente se há partes supertediosas; mas lembre-se de que o manuscrito é sempre muito mais tedioso que o texto impresso. ... Temo que haja partes muito semelhantes a um Sermão: quem jamais teria pensado que eu me converteria em pároco?

Darwin para Henrietta Darwin,
[18 fev 1870], DCP 7124

Trabalhei (e é trabalho duro) tendo metade do segundo capítulo em mente [provas de *A origem do homem*], e suas correções e sugestões são excelentes. Acatei a maior parte, e estou certo de que elas são grandes melhorias. Algumas das transposições são muitíssimo justas. Você me prestou um verdadeiro serviço; mas, meu Deus, como deve ter trabalhado com afinco, e como dominou completamente meu manuscrito. Estou satisfeito com este capítulo, agora que ele chega diferente a mim. Seu afeiçoado, admirador e obediente pai, C.D.

Darwin para Henrietta Darwin,
[mar] 1870, *Emma Darwin*, vol.2, 230

CÃES

Meu pai sempre gostou de cães, e quando jovem tinha o poder de furtar a afeição dos bichinhos de estimação das irmãs; em Cambridge ele conquistou o amor do cão de seu primo W.D. Fox, e esse talvez tenha sido o animalzinho que costumava rastejar para dentro de sua cama e dormir ao pé dela todas as noites. Meu pai tinha um cão mal-humorado, devotado a ele, mas hostil a todos os demais. Quando voltou da viagem do *Beagle*, o cão se lembrou dele, mas de uma maneira curiosa, que meu pai gostava de contar. Meu pai foi ao quintal e gritou da sua antiga maneira; o cão saiu correndo e partiu com ele em caminhada, sem mostrar grande emoção ou alvoroço, como se aquilo tivesse acontecido no dia anterior, e não cinco anos antes.

F. Darwin, *Life and Letters*, vol.1, 113

O cão mais estreitamente associado a meu pai foi... Polly, uma felpuda fox terrier branca... Meu pai costumava fazê-la aparar biscoitos sobre o focinho, e tinha uma maneira afetuosa e zombeteiramente solene de lhe explicar de antemão que ela devia "ser uma ótima menina". Polly tinha uma marca nas costas, onde fora queimada, e o pelo havia voltado a crescer vermelho, e não branco; meu pai costumava elogiá-la por esse tufo de pelo como se ele estivesse de acordo com sua teoria da pangênese; o pai dela era um bull terrier vermelho; assim, o pelo vermelho que apareceu depois da queimadura mostrava a presença de gêmulas vermelhas latentes.

F. Darwin, *Life and Letters*, vol.1, 113-4

Antigamente eu tinha um cão grande, que, como todos os outros cachorros, ficava muito feliz de sair para passear. Ele mostrava seu prazer trotando gravemente à minha frente, com passos altos, cabeça muito erguida, orelhas moderadamente eretas e cauda levantada, mas não rigidamente. Não longe de minha casa um caminho se bifurca para a direita, levando até a estufa, que eu costumava visitar por alguns momentos para dar uma olhada em minhas plantas experimentais. Isso era sempre um grande desapontamento para o cão, pois ele não sabia se eu iria continuar a caminhada; e a instantânea e completa mudança de expressão que lhe sobrevinha assim que meu corpo se desviava minimamente em direção ao caminho (e algumas vezes tentei isso como experimento) era risível. Sua expressão de tristeza era conhecida por todos os membros da família, que a chamava *cara de estufa*. Esta consistia na cabeça tombando muito, todo o corpo descambando um pouco e imóvel; as orelhas e a cauda caíam de repente, mas a cauda não era abanada de maneira nenhuma. Com a queda das orelhas e das grandes bochechas, os olhos ficavam muito alterados na aparência, e eu imaginava que pareciam menos brilhantes. Seu aspecto ficava lastimável, de desesperançada tristeza; e, como eu disse, era risível, pois a causa era tão insignificante.

Expressão, 59-60

Uma terrier fêmea minha recentemente teve seus filhotes destruídos, e embora fosse sempre uma criatura muito afetuosa, fiquei muito impressionado com a maneira pela qual tentou então saciar seu amor materno instintivo dedicando-o a mim; e seu desejo de lamber minhas mãos se elevou a uma paixão insaciável.

Expressão, 120

O amor de um cão por seu dono é conhecido; tem-se notícia de que na agonia da morte ele acaricia seu dono, e todos já ouviram falar do cão sofrendo sob vivissecção, que lambeu a mão do operador; esse homem, a menos que tenha um coração de pedra, deve ter sentido remorso até a última hora de sua vida.

Origem do homem, 1871, vol.1, 40

ANTIVIVISSECÇÃO

Eu puniria severamente de bom grado qualquer pessoa que operasse um animal não insensibilizado caso o experimento tornasse isso possível; contudo aqui, mais uma vez, não me parece que um magistrado ou júri pudesse determinar tal assunto. Portanto, concluo, se (como é provável) alguns experimentos foram tentados com demasiada frequência, ou se anestésicos não foram usados quando isso era possível, o remédio deve estar no melhoramento dos sentimentos humanitários.

Darwin para Henrietta (Darwin),
Litchfield, 4 jan 1875,
Life and Letters, vol.3, 202

Durante toda a minha vida fui um forte defensor de humanidade para com animais, e fiz o que pude em meus escritos para que se cumprisse esse dever. Vários anos atrás, quando a agitação contra os fisiologistas começou na Inglaterra, afirmou-se que a desumanidade era praticada aqui e que se causava sofrimento inútil aos animais; e fui levado a crer que seria aconselhável ter um Ato do Parlamento sobre o assunto. Desempenhei então papel ativo na tentativa de fazer com que se aprovasse um Projeto de Lei que eliminaria todas as causas justas de queixa, e ao mesmo tempo deixaria os fisiologistas livres para prosseguir em suas investigações – um Projeto de Lei muito diferente do Ato aprovado desde então.

Darwin para Frithiof Holmgren,
The Times, 18 abr 1881, 10

A fisiologia não tem como progredir senão por meio de experimentos com animais vivos, e tenho a mais profunda convicção de que aquele que retarda o progresso da fisiologia comete um crime contra a humanidade. Qualquer pessoa que se lembre, como posso me lembrar, do estado dessa ciência meio século atrás deve admitir que ela fez imenso progresso, e está progredindo agora num ritmo cada vez mais rápido.

Darwin para Frithiof Holmgren,
The Times, 18 abr 1881, 10

O sr. Darwin acabou se tornando o centro de uma panelinha adoradora de vivisseccionistas que (como mostra sua Biografia) o encorajava incessantemente a defender suas práticas, até que foi exibido o deplorável espetáculo de um homem que não podia permitir que uma mosca picasse o pescoço de um pônei, apresentando-se perante toda a Europa (em sua célebre carta ao prof. [Frithiof] Holmgren da Suécia) como o defensor da Vivissecção.

Cobbe, 1894, vol.2, 128

NATUREZA

Não posso lhe dizer como apreciei algumas dessas vistas [na cordilheira dos Andes]. – Vale a pena vir da Inglaterra uma vez para sentir prazer tão intenso. Numa elevação a partir de 3-3.600 metros há uma transparência no ar, uma confusão de distâncias e uma espécie de quietude que nos dá a sensação de estar em outro mundo, e quando a isso se junta a imagem tão claramente desenhada das grandes épocas de violência, ela provoca na mente uma estranhíssima reunião de ideias.

Darwin para J.S. Henslow,
18 abr 1835, DCP 274

Enquanto navegava nessas latitudes numa noite muito escura, o mar apresentou um maravilhoso e belíssimo espetáculo. Havia uma brisa fresca, e cada parte da superfície, que durante o dia é vista como espuma, agora fulgurava com uma luz pálida. O navio impelia à frente de suas proas duas ondas de fósforo líquido, e em sua esteira era seguido por uma cauda leitosa. Até onde a vista alcançava, a crista de todas as ondas estava brilhante, e o céu acima do horizonte, em razão do clarão refletido dessas chamas lívidas, não estava tão completamente obscuro quanto o resto do céu.

Diário de pesquisas, 1839, 190-1

A princípio, por causa das quedas d'água e do número de árvores mortas [na Terra do Fogo], eu dificilmente conseguia me arrastar; mas o leito do regato logo se tornou um pouco mais aberto, pois as inundações varreram as margens. Continuei a avançar lentamente por uma hora ao longo das bordas quebradas e pedregosas; e fui amplamente recompensado pela grandiosidade da cena. A profundidade escura da ravina combinava bem com os sinais universais de violência. Em todos os lados jaziam massas irregulares de rocha e árvores arrancadas; outras árvores, embora ainda eretas, estavam completamente apodrecidas e prestes a cair. A massa emaranhada das florescentes e as caídas lembraram-me as florestas nos trópicos; – havia contudo uma diferença; pois nesses ermos tranquilos a Morte, e não a vida, parecia o espírito predominante.

Diário de pesquisas, 1839, 231

Magníficas geleiras estendiam-se da encosta da montanha até a beira da água. É difícil imaginar alguma coisa mais bela que o azul berilo da geleira, especialmente quando contrastado com o branco total de uma extensão de neve. Quando fragmentos caíam da geleira na água, eles saíam flutuando, e o canal, com seus icebergs, representava em miniatura o mar polar.

Diário de pesquisas, 1839, 243-4

Quando chegamos ao topo [do passo Portillo] e olhamos para trás, uma vista gloriosa se apresentou. A atmosfera resplandecentemente clara, o céu de um azul intenso; os vales profundos, as extravagantes formas quebradas; os montes de ruínas acumuladas durante o lapso de eras; as rochas brilhantemente coloridas, contrastadas com as silenciosas montanhas de neve; todas essas coisas juntas produziam uma cena que eu nunca poderia imaginar. Nem planta nem ave, exceto alguns condores girando em torno dos pináculos mais altos, distraía a atenção da massa inanimada. Senti-me feliz por estar sozinho: era como observar uma tempestade de raios, ou ouvir um coro do Messias e orquestra completa.

Diário de pesquisas, 1839, 394

O tempo está verdadeiramente delicioso. Ontem, depois de lhe escrever, passeei um pouco além da clareira por uma hora e meia e me diverti – o verde novo mas escuro dos grandes Abetos Escoceses, o marrom dos amentos das velhas Bétulas com seu caules brancos e uma franja de verde distante dos lariços, compunham uma visão excessivamente bonita. – Por fim adormeci sobre a relva e acordei com um coro de passarinhos cantando à minha volta, esquilos correndo árvores acima e alguns Pica-paus rindo, e foi a cena rural mais agradável que já vi, e eu não dava a mínima para saber como qualquer dos animais ou aves tinha sido formado. –

Darwin para Emma Darwin,
[28 abr 1858], DCP 2261

Concordo inteiramente quanto a como é humilhante o lento progresso do homem; mas cada um tem seu próprio horror de estimação, e esse progresso lento, ou mesmo a aniquilação pessoal, cai em minha mente na insignificância se comparado à ideia, ou melhor, eu presumo à certeza, de que o Sol vai esfriar um dia, e nós todos congelarmos. Pensar no progresso de milhões de anos, com cada continente repleto de homens bons e esclarecidos, todos terminando nisso; e provavelmente sem nenhum novo começo até que esse nosso próprio sistema planetário tenha sido outra vez convertido em gás incandescente. – *Sic transit gloria mundi*, violentamente.

Darwin para J.D. Hooker,
9 fev [1865], DCP 4769

AUTOBIOGRÁFICO

Minha mãe morreu em julho de 1817, quando eu tinha pouco mais de oito anos, e é estranho que eu não consiga me lembrar de quase nada sobre ela, exceto seu leito de morte, seu roupão de veludo preto e sua mesa de trabalho curiosamente construída. Creio que meu esquecimento se deve em parte ao fato de minhas irmãs, em razão de seu grande pesar, nunca serem capazes de falar sobre ela ou mencionar seu nome; e em parte ao seu estado anterior de invalidez.

Autobiografia, 22

A mente do meu pai não era científica, e ele não tentava generalizar seu conhecimento sob leis gerais; ainda assim formava uma teoria para quase tudo que acontecia. Não acho que ganhei muito dele intelectualmente.

Autobiografia, 42

Para minha profunda mortificação, meu pai me disse uma vez: "Você não gosta de nada exceto atirar, cães e caçar ratos, e será uma vergonha para você mesmo e para toda a sua família." Mas meu pai, que era o homem mais bondoso que conheci, e cuja memória eu amo com todo o meu coração, devia estar com raiva e ter sido um tanto injusto quando usou essas palavras.

Autobiografia, 28

Até onde posso julgar a mim mesmo, trabalhei ao máximo durante a viagem, movido pelo mero prazer da investigação e por meu forte desejo de acrescentar alguns fatos à grande massa de fatos da ciência natural. Mas eu tinha também a ambição de tomar um justo lugar entre os cientistas.

Autobiografia, 80-1

Por volta dessa época [1839] obtive grande prazer com a poesia de Wordsworth e Coleridge, e posso me gabar de ter lido a *Excursão* duas vezes do começo ao fim. Antes, *Paraíso perdido* de Milton tinha sido o meu favorito, e em minhas excursões durante a viagem do *Beagle*, quando eu podia levar apenas um pequeno volume, sempre escolhia Milton.

Autobiografia, 85

Olhando para trás, posso perceber agora como meu amor pela ciência preponderou pouco a pouco sobre todos os outros gostos. ... Descobri, embora de maneira inconsciente e insensível, que o prazer de observar e raciocinar era muito superior ao da habilidade e do esporte. Os instintos primevos do bárbaro lentamente se renderam aos gostos adquiridos do homem civilizado.

Autobiografia, 78

Eu ficaria muito feliz de ter notícias suas, da sra. Fitzroy e das crianças. Minha vida prossegue com Regularidade e Precisão, e estou fixado no lugar onde irei terminá-la; temos quatro filhos, e eles e minha esposa vão bem. Minha saúde também melhorou bastante, mas sou um homem diferente em força e energia do que fui nos velhos tempos, quando eu era seu "Papa-moscas" a bordo do *Beagle*.

Darwin para Robert FitzRoy,
1º out 1846, DCP 1002

Você me faz uma injustiça quando pensa que trabalho pela fama: eu a valorizo em certa medida; mas, se conheço a mim mesmo, trabalho movido por uma espécie de instinto de tentar decifrar a verdade.

Darwin para W.D. Fox,
24 [mar 1859], DCP 2436

Envio uma Fotografia de mim mesmo com minha Barba. Não pareço venerável?

Darwin para Asa Gray,
28 mai [1864], DCP 4511

Gosto muito mais desta fotografia do que de qualquer outra que tenha feito de mim.

Aprovação de fotografia
tirada por Julia Margaret Cameron, 1868

Quanto a mim mesmo, acredito que agi corretamente ao seguir sem cessar e dedicar minha vida à ciência. Não sinto nenhum remorso por ter cometido qualquer grande pecado, mas muitas e muitas vezes lamentei não ter feito um bem mais direto aos meus semelhantes. Minha única e pobre desculpa são os muitos problemas de saúde e minha constituição mental, que torna extremamente difícil mudar de um assunto ou ocupação para outro. Posso imaginar com grande satisfação dedicar todo o meu tempo à filantropia, mas não uma porção dele; conquanto essa teria sido uma linha de conduta muito melhor.

Autobiografia, 93

Minha letra é igual à do Avô.

Caderno de anotações M, 83e

Alegro-me por ter evitado controvérsias, e devo isso a [Charles] Lyell, que, muitos anos atrás, em referência a meus trabalhos geológicos, me aconselhou fortemente a nunca me enredar numa controvérsia, pois isso raramente produzia algum bem e causava uma lamentável perda de tempo e de calma.

Autobiografia, 126

Peço que dê nossas lembranças muito afetuosas à sra. Gray. Sei que ela gosta de ouvir homens se gabando – revigora-os tanto. Agora a conta com minha mulher no gamão está assim: ela, pobre criatura, venceu apenas 2.490 jogos, enquanto eu ganhei, hurra, hurra, 2.795 jogos.

Darwin para Asa Gray,
28 jan 1876, DCP 10370

Em um aspecto minha mente mudou durante os últimos vinte ou trinta anos. Até os trinta anos, ou mais além, poesia de muitos tipos, como as obras de Milton, Gray, Byron,

Wordsworth, Coleridge e Shelley, davam-me grande prazer, e mesmo quando eu ainda era estudante, encontrava intenso prazer em Shakespeare, especialmente nas peças históricas. Disse também que outrora as pinturas me davam considerável deleite, e música enorme satisfação. Mas agora há muitos anos não posso suportar ler uma linha de poesia: tentei há pouco tempo ler Shakespeare, e achei isso tão intoleravelmente tedioso que me nauseou. Quase perdi também qualquer gosto por pinturas ou música. – A música geralmente me faz pensar com demasiada energia naquilo em que estive trabalhando, em vez de me dar prazer. Conservo algum gosto por belas paisagens, mas elas não me proporcionam o requintado prazer que proporcionavam outrora.

Autobiografia, 138

Minha mente parece ter se tornado uma espécie de máquina para esmerilar leis gerais a partir de grandes coleções de fatos, mas por que isso deveria ter causado a atrofia somente daquela parte do cérebro, da qual os gostos mais elevados dependem, eu não posso conceber.

Autobiografia, 139

Talentos especiais: Nenhum, exceto para os negócios, como evidenciado pela manutenção das contas, as respostas à correspondência e o fato de investir dinheiro muito bem. Muito metódico em todos os meus hábitos.

Resposta a questionário,
Life and Letters, vol.3, 179

Todos que vi e que viram o meu retrato feito por você se encantaram com ele. Ficarei orgulhoso algum dia de ver a mim mesmo pendurado na Linnean Society.

Darwin para John Collier,
16 fev 1882, *More Letters*, vol.1, 398

De minha própria parte, eu preferiria descender daquele heroico macaquinho que enfrentou bravamente seu temido inimigo para salvar a vida de seu zelador; ou daquele velho babuíno que, descendo das montanhas, arrebatou em triunfo seu jovem camarada de uma multidão de cães espantados – a descender de um selvagem que se compraz em torturar seus inimigos, oferece sacrifícios sangrentos, pratica infanticídio sem remorso, trata suas mulheres como escravas, não conhece nenhuma decência e é assombrado pelas mais grosseiras superstições.

Origem do homem, 1871, vol.2, 404-5

Dou e lego a cada um de meus amigos, sir Joseph Dalton Hooker e Thomas Henry Huxley Esquire, o legado ou soma de mil libras esterlinas livres de imposto sobre herança como um pequeno memento da afeição e do respeito de toda a minha vida por eles.

Última vontade e testamento de
Charles Robert Darwin, in *Darwin Online*

Com capacidades tão moderadas quantos as que possuo, é verdadeiramente surpreendente que eu tenha assim influenciado em considerável medida as crenças de cientistas quanto a alguns aspectos importantes.

Autobiografia, 145

PARTE VI

AMIGOS E FAMÍLIA

Darwin, fotografia de Elliott & Fry, c.1881.

AMIGOS E CONTEMPORÂNEOS

Louis Agassiz: Que grupo de homens vocês têm em Cambridge! Nossas duas Universidades reunidas não podem fornecer algo semelhante. Ora, há Agassiz – ele conta por três.

E.C. Agassiz, 1890, 666

Robert Brown: Eu o visitei duas ou três vezes antes da viagem do *Beagle*, e numa ocasião ele me pediu para olhar através de um microscópio e descrever o que via. Fiz isso e acredito agora que eram as maravilhosas correntes de protoplasma em alguma célula vegetal. Em seguida perguntei-lhe o que eu tinha visto; mas ele me respondeu, para mim que era então pouco mais que um menino e estava prestes a deixar a Inglaterra por cinco anos: "Esse é meu pequeno segredo." Suponho que ele temia que eu furtasse sua descoberta.

Autobiografia, 103-4

Samuel Butler: Em 1879 mandei publicar uma tradução de *Life of Erasmus Darwin*, de Ernst Krause, e acrescentei um esboço sobre seu caráter e hábitos a partir de materiais que tinha comigo. ... Porque deixei acidentalmente de mencionar que o dr. Krause tinha aumentado e corrigido seu artigo em alemão antes que ele fosse traduzido, o sr. Samuel Butler injuriou-me com virulência quase insana. Como o ofendi tão amargamente, nunca fui capaz de compreender.

Autobiografia, 134-5

Thomas Carlyle: Sua conversa era muito mordaz e interessante, tal como seus escritos, mas ele às vezes se estendia demais sobre o mesmo assunto. Lembro um jantar divertido na casa de meu irmão, em que, entre alguns outros, estavam [Charles] Babbage e [Charles] Lyell, que gostavam muito de falar. Carlyle, entretanto, silenciou a todos arengando durante o jantar inteiro sobre as vantagens do silêncio. Depois do jantar, Babbage, da maneira mais grave, agradeceu a Carlyle por sua interessantíssima Preleção sobre o Silêncio. ... Ele foi todo-poderoso ao inculcar algumas grandes verdades morais na mente dos homens. Por outro lado, suas concepções sobre escravidão eram revoltantes. A seu ver, a força era o direito.

Autobiografia, 112-3

Erasmus Darwin: Com frequência chamou-se o dr. Darwin de ateu, ao passo que em todas as suas obras se podem encontrar expressões claras mostrando que ele acreditava plenamente em Deus como o Criador do Universo. ... Embora o dr. Darwin decerto fosse teísta, na acepção comum do termo, ele duvidava de qualquer revelação. Tampouco sentia muito respeito pelo Unitarismo, pois costumava dizer que "O Unitarismo era um colchão de plumas para aparar um cristão em queda".

C. Darwin, 1879, 44-5

Erasmus Alvey Darwin: Meu irmão Erasmus possuía uma mente extraordinariamente clara, com gostos amplos e diversificados e conhecimento em literatura, arte e até ciência. Por um curto tempo ele coletou e secou plantas, e por tempo um tanto mais longo fez experimentos em química. Ele era extremamente agradável, e seu humor frequentemente me lembrava aquele presente nas cartas e obras de Charles Lamb. Era muito bondoso; mas sua saúde desde a meninice fora fraca, e em consequência lhe faltava energia.

Autobiografia, 42

Robert FitzRoy: O caráter de FitzRoy era singular, com inúmeros traços muito nobres: ele era devotado a seu dever, quase excessivamente generoso, ousado, determinado, indomitamente vigoroso e um amigo entusiasmado de todos os que estavam sob sua autoridade. Enfrentaria qualquer tipo de problema para ajudar aqueles que considerava merecedores de ajuda. … Seu humor costumava ser pior de manhã cedo, e com seus olhos de águia podia detectar qualquer coisa incorreta no navio, e era então implacável na censura. Os oficiais subalternos, quando se rendiam uns aos outros de manhã, costumavam perguntar "se muito café quente tinha sido servido esta manhã" – o que significava: como estava o humor do capitão?

Autobiografia, 72-3

William Darwin Fox: Tenho certeza de que, se uma viagem longa pode ter algumas tendências prejudiciais para o caráter de uma pessoa, ela tem a vantagem de ensiná-la a apreciar e amar sinceramente seus amigos e parentes.

Darwin para W.D. Fox,
15 fev 1836, DCP 299

William Ewart Gladstone: Que honra que tão grande homem tenha vindo me visitar!

Morley, 1903, vol.2, 562

Asa Gray: Minha conclusão é de que você cometeu um erro ao ser botânico; você devia ter sido advogado, e teria ficado muito rico pervertendo a verdade, em vez de estudar as verdades vivas deste mundo.

Darwin para Asa Gray,
22 jul [1860], DCP 2876

Asa Gray: Eu disse em carta anterior que você era um advogado; mas cometi um erro gritante, estou certo de que você é um poeta. Não, por Deus, vou lhe dizer o que você é: um híbrido, um cruzamento complexo de Advogado, Poeta, Naturalista e Teólogo! – Alguma vez já se viu um monstro assim?

Darwin para Asa Gray,
10 set [1860], DCP 2910

Ernst Haeckel: Raras vezes vi um homem tão agradável, cordial e franco. Ele está agora na Madeira, onde vai trabalhar principalmente com as Medusas. Sua grande obra está publicada agora e tenho um exemplar, mas o alemão é tão difícil que posso compreender apenas um pouco dela, e temo que seja uma obra grande demais para ser traduzida.

Darwin para J.F.T. Müller,
[antes de 10 dez 1866], DCP 5261

John Stevens Henslow: Ele era profundamente religioso, e tão ortodoxo que me disse um dia que ficaria pesaroso se uma única palavra dos Trinta e Nove Artigos fosse alterada. Suas qualidades morais eram admiráveis sob todos os aspectos. Ele era isento de todo vestígio de vaidade ou outro sentimento mesquinho; e nunca vi um homem que pensasse tão pouco em si mesmo ou em seus próprios interesses.

Autobiografia, 64-5

Joseph Dalton Hooker: Tornei-me muito íntimo de Hooker, que foi um de meus melhores amigos durante toda a vida. Ele é um companheiro deliciosamente agradável e muito bondoso. Pode-se ver de imediato que é honrado até a medula. Seu intelecto é agudo e ele tem grande capacidade de generalização. É o trabalhador mais incansável que já vi; passará o dia todo trabalhando com o microscópio, e à noite estará tão bem-disposto e agradável como sempre. É em todos os sentidos muito impulsivo e um tanto irascível; mas as nuvens se dissipam quase imediatamente. … Conheci poucos homens mais amáveis que Hooker.

Autobiografia, 105-6

Joseph Dalton Hooker: A visão de sua letra sempre me deixa radiante.

Darwin para J.D. Hooker,
15 jan [1861], DCP 3047

Joseph Dalton Hooker: Tenho a sua Fotografia sobre o consolo de minha lareira e gosto muito dela; mas você olha para mim com tanta acuidade que jamais terei a audácia de me safar de qualquer contradição.

Darwin para J.D. Hooker,
25 dez [1868], DCP 6512

Alexander von Humboldt: Encontrei uma vez no café da manhã na casa de sir R. Murchison o ilustre Humboldt, que me honrou expressando o desejo de me visitar. Fiquei um pouco desapontado com o grande homem, mas minhas expectativas provavelmente eram muito elevadas. Não posso me lembrar de nada claro sobre nossa entrevista, exceto que Humboldt estava muito alegre e falou muito.

Autobiografia, 107

Thomas Henry Huxley: Seu pensamento é rápido como um raio e afiado como uma lâmina. Ele é o melhor palestrante que conheci. Nunca escreve e nunca diz nada insípido. A partir de sua conversa, ninguém supõe que ele poderia cortar seus opositores em pedaços da forma mais incisiva possível, e como de fato o faz. ... É um homem esplêndido e realizou um bom trabalho pelo bem da humanidade.

Autobiografia, 106

Thomas Henry Huxley: Muitas vezes acho que meus amigos (e você muito mais que os outros) têm bons motivos para me odiar por ter revolvido tanta lama e os conduzido a tanto trabalho odioso. – Se eu tivesse sido amigo de mim mesmo, teria me odiado. (como transformar essa frase em bom inglês, eu não sei.) Mas lembre-se de que, se eu não tivesse revolvido a lama, alguma outra pessoa decerto logo o faria.

Darwin para T.H. Huxley,
3 jul [1860], DCP 2854

John Lubbock: Sua entrada na Política me fez sofrer, e embora eu lamente que ele tenha perdido a Eleição, suponho contudo que, agora que foi mordido uma vez, nunca abandonará a Política, e a Ciência está acabada. Muitos homens podem se tornar parlamentares razoáveis, mas quão poucos podem trabalhar em ciência como ele.

Darwin para J.D. Hooker,
[29 jul 1865], DCP 4874

Charles Lyell: Estive com Charles Lyell mais do que com qualquer outro homem antes e depois de meu casamento. Sua mente se caracterizava, a meu ver, por clareza, cautela, julgamento seguro e muita originalidade. ... Seu prazer com a ciência era ardente, e ele sentia o mais vivo interesse pelo progresso futuro da humanidade. Era muito bondoso e totalmente liberal em suas crenças religiosas, ou melhor, descrenças; mas era um teísta decidido. Sua sinceridade era extraordinária. Deu mostras disso tornando-se um convertido à Descendência, embora tivesse ganhado muita fama opondo-se às concepções de Lamarck, e isso depois de ter envelhecido. Lembrou-me de que muitos anos antes eu lhe dissera, ao debater a oposição da velha escola de geólogos a suas novas concepções: "Que boa coisa seria se todo cientista morresse aos sessenta anos, pois mais tarde iria certamente se opor a todas as novas doutrinas." Mas ele esperava que agora lhe fosse permitido viver.

Autobiografia, 100-1

James Mackintosh: Uma de minhas visitas outonais a Maer, em 1827, foi memorável porque lá conheci sir J. Mackintosh, o melhor palestrante que já ouvi. Soube depois, com um rubor de orgulho, que ele tinha dito: "Há alguma coisa naquele rapaz que me interessa." Isso deve ser atribuído sobretudo à sua percepção de que eu ouvia com muito interesse tudo o que ele dizia, pois eu era completamente ignorante sobre os temas de história, política e filosofia moral. Saber do elogio de uma pessoa eminente, embora provavelmente ou com certeza atice a vaidade, é, acho eu, bom para um jovem, pois ajuda a mantê-lo no caminho certo.

Autobiografia, 55

Richard Owen: É penoso ser odiado no grau intenso com que Owen me odeia.

Darwin para Charles Lyell,
10 abr [1860], DCP 2754

John Ruskin: Foi muito perspicaz da parte do sr. Ruskin saber que tenho um interesse profundo e terno pela metade traseira vivamente colorida de certos macacos.

Darwin para Victor A.E.G. Marshall,
7 [set] 1879, in Healey, 2001, 306

Herbert Spencer: A conversa de Herbert Spencer pareceu-me muito interessante, mas não gostei dele particularmente, e não senti que poderia ter me tornado íntimo dele com facilidade. Acho que ele era extremamente egoísta. Depois de ler algum dos seus livros, em geral sinto entusiástica admiração por seus talentos transcendentes, e muitas vezes pensei se, no futuro, ele se classificaria ao lado de grandes homens como Descartes, Leibnitz etc., sobre os quais, contudo, sei muito pouco. Ainda assim, não estou consciente de ter me beneficiado em meu próprio trabalho dos escritos de Spencer. Sua maneira dedutiva de tratar todos os assuntos é inteiramente oposta à minha atitude mental. Suas conclusões nunca me convencem; e repetidas vezes eu disse a mim mesmo, após ler uma de suas exposições: "Aqui estaria um bom tema para meia dúzia de anos de trabalho."

Autobiografia, 108-9

Alfred Russel Wallace: Sua modéstia e sinceridade estão muito longe de serem novidades para mim. Espero que seja uma satisfação para você refletir – e muito poucas coisas em minha vida foram mais satisfatórias para mim – que nunca sentimos nenhuma inveja um do outro, embora, em certo sentido, fôssemos rivais. Creio que posso dizer isso de mim mesmo com verdade, e tenho absoluta certeza de que é verdadeiro em relação a você.

Darwin para A.R. Wallace,
20 abr [1870], DCP 7167

Josiah Wedgwood II: Ele era o protótipo de um homem honrado, com o mais claro julgamento. Não acredito que nenhum poder sobre a Terra o teria feito desviar-se um centímetro do caminho certo. Eu costumava lhe aplicar, em pensamento, a conhecida ode de Horácio, hoje esquecida por mim, em que entram as palavras "*nec vultus tyranni* etc." ["O homem que tem tenacidade de propósito numa causa justa não é abalado pelo arrebatamento de seus concidadãos clamando pelo que é errado, ou pela expressão ameaçadora do tirano", Horácio, Livro III, Ode 3].

Autobiografia, 56

COMENTÁRIOS DE SEUS CONTEMPORÂNEOS

William Allingham: Alto, amarelo, enfermiço. Ele faz suas refeições quando lhe convém, recebe pessoas ou não como lhe apraz, tem todos os privilégios de um inválido, grande ajuda para um homem estudioso.

Allingham, 1907, 184

Samuel Butler: Sem dúvida é prática comum dos escritores [Darwin] aproveitar uma oportunidade para revisar suas obras, mas não é comum quando a condenação dissimulada de um opositor [Butler] foi inserida numa edição corrigida, cuja revisão foi ocultada, para declarar com toda a clareza que a condenação foi escrita antes do livro que parecia tê-la provocado, e assim levar os leitores a supor que ela deve ser uma opinião imparcial.

S. Butler, carta criticando
Life of Erasmus Darwin, de Darwin,
31 jan 1880, *Athenaeum*, 155

Moncure Daniel Conway: Esse homem formidável, falando a partir do refúgio do trono inglês e sob as asas da própria Igreja inglesa, não pretendeu dar ao Cristianismo Dogmático seu golpe de morte; ele tencionava proferir uma simples teoria da natureza.

Conway, 1904, 250

Anton Dohrn: Devo confessar, a aparência pessoal de Darwin me surpreendeu muito. Eu esperava encontrar um homem de aspecto doentio; em vez disso, vi diante de mim uma estatura alta, forte, de barba grisalha, cheia de vida, alegria e cativante amabilidade.

Gröben, 1982, 93

Hugo de Vries: Ele tem olhos fundos e além disso sobrancelhas muito projetadas, muito mais do que suporíamos a partir de seus retratos. É alto e magro, tem mãos finas, anda devagar, usa uma bengala e é obrigado a parar ocasionalmente. Tem muito medo de correntes de ar e em geral deve tomar muito cuidado com a saúde. Sua fala é animada, alegre e cordial, não muito rápida e muito clara.

Pas, 1970, 187

Hugh Falconer: Sou da opinião de que o sr. Darwin não só é um dos naturalistas mais eminentes de seu tempo, mas que doravante ele será visto como um dos Grandes Naturalistas de todos os Países e de todos os tempos.

Indicação para a Medalha
Copley da Royal Society,
25 out 1864, DCP 4644

Rev. George Ffinden [vigário da paróquia de Down]: Confesso que talvez eu seja um pouco amargo em relação a Darwin e suas obras. Veja, sou antes de mais nada um clérigo. Ele nunca veio à igreja, e foi uma coisa ruim para a paróquia, um mau exemplo. Ele era, no entanto, extremamente amável, benevolente, cortês e muito liberal. Lembro que me deu uma contribuição para a igreja e para a restauração da casa ou construção. "Claro", ele me disse, "que não acredito nisso de maneira nenhuma." "Não suponho que acredite", eu lhe disse. Muito sincero de ambas as partes.

"A visit to Darwin's village",
Evening News, 12 fev 1909, 4

William Darwin Fox: Suponho que seu destino seja deixar seu Cérebro destruir seu Corpo.

W.D. Fox para Darwin,
26 nov [1864], DCP 4683

Francis Galton: Senti um pouco de dificuldade para me conectar com *A origem das espécies*, mas devorei seus conteúdos e os assimilei tão rapidamente quanto foram devorados, fato que talvez possa ser atribuído a uma propensão mental hereditária que tanto seu ilustre autor quanto eu mesmo herdamos de nosso avô comum, dr. Erasmus Darwin. Fiz excursões ocasionais para visitar Charles Darwin em Down, em geral na hora do almoço, sempre com um sentimento da máxima veneração, bem como da mais calorosa afeição, que sua acolhida invariavelmente cordial encorajava enormemente. Acho que sua característica intelectual que mais me impressionava era a pertinência de seus questionamentos; ele chegava assim muito depressa ao fundo do que estava no pensamento da pessoa com quem conversava, e ao seu valor.

Galton, 1909, 288

Ernst Haeckel: O próprio grande naturalista saiu da varanda sombreada, coberta de trepadeiras, para vir ao meu encontro, uma figura alta e venerável, com os ombros largos de um Atlas suportando um mundo de pensamentos, a testa semelhante à de Júpiter, alta e amplamente arqueada, como no caso de Goethe, e profundamente sulcada pelo arado do trabalho mental; seus olhos bondosos, suaves, olhando adiante sob a sombra de sobrancelhas proeminentes; a boca amável circundada por uma copiosa barba branca prateada.

Haeckel, 1882, 6

J.D. Hooker: Glorificado amigo! Sua fotografia me revela onde [John Rogers] Herbert conseguiu seu Moisés para o Afresco na Câmara dos Lordes – com chifres, halo e tudo.

J.D. Hooker para Darwin,
[11 jun 1864], DCP 4529

Alexander von Humboldt: Você tem um excelente futuro à sua frente.

Von Humboldt para Darwin,
18 set 1839, DCP 534

T.H. Huxley: Um dos homens mais amáveis e verdadeiros que tive a sorte de conhecer.

Life and Letters, vol.2, 182

Rev. J.B. Innes: Havíamos falado sobre a aparente contradição de algumas supostas descobertas com o Livro do Gênesis; ele disse: "Você é (teria sido mais correto dizer você deve ser) um teólogo, eu sou um naturalista, as linhas estão separadas. Eu me esforço para descobrir fatos sem considerar o que é dito no Livro do Gênesis. Não ataco Moisés e acho que ele pode cuidar de si mesmo." No mesmo sentido ele me escreveu recentemente: "Não posso me lembrar de jamais ter publicado uma palavra diretamente contra a religião ou o clero..."

Life and Letters, vol.2, 288-9

Leonard Jenyns: Ele ocasionalmente me visitava em minha Casa Paroquial, em Swaffham Bulbeck, e fazíamos excursões Entomológicas juntos, às vezes nos Fens – esse rico distrito que produz tantas espécies raras de insetos e plantas –, outras vezes nas matas e plantações de Bottisham Hall. Ele usava em geral uma rede de varredura com que fez muitas capturas bem-sucedidas que eu mesmo nunca tinha feito, embora fosse residente constante da redondeza.

Jenyns, 1887, 44

Henry Lettington [jardineiro de Darwin]: Muitas vezes eu desejaria que ele tivesse alguma coisa para fazer. Ele fica à toa pelo jardim, e já o vi ficar parado sem fazer nada diante de uma flor por dez minutos. Se pelo menos ele tivesse alguma coisa para fazer, eu realmente acredito que estaria melhor.

John Lubbock, celebração de
Darwin-Wallace, 1908,
Linnean Society of London, 57

John Lewis [carpinteiro na aldeia de Down]: Mas ele sempre foi um homem bom para rapé, rapé preto, aquele Lundy Foot. Ele o mantinha na mesa do vestíbulo, numa lata grande que comportava quase dois quartos, e entrava e saía correndo do gabinete vinte vezes por dia para uma pitada.

"A visit to Darwin's village",
Evening News, 12 fev 1909, 4

Harriet Martineau: O simples, infantil, meticuloso, eficiente Charles Darwin, que se estabeleceu atualmente à frente dos naturalistas ingleses vivos.

Chapman, 1877, vol.1, 268

Lady Dorothy Nevill: Estou enviando ao sr. Darwin plantas curiosas para serem objeto de experimentos. Estou tão satisfeita de ajudar de alguma maneira os trabalhos de tal homem – minhas relações com ele são uma grande emoção para mim em minha vida tranquila –, ele me promete uma visita quando estiver em Londres. Tenho certeza de que descobrirá que eu sou o elo perdido entre homem e símios.

Nevill, 1919, 56

Marianne North: Fui solicitada pela sra. Litchfield [Henrietta Darwin] para vir conhecer seu pai, Charles Darwin, que queria me ver, mas não podia subir minhas escadas. Ele era, aos meus olhos, o maior homem vivo, o mais verdadeiro, bem como o mais altruísta e modesto, sempre tentando atribuir aos outros, e não a si mesmo, o crédito por seus próprios grandes pensamentos e trabalhos. ... Fiquei muito lisonjeada com seu desejo de me ver, e quando ele disse que achava que eu não devia tentar nenhuma representação da vegetação do mundo até que tivesse visto e pintado a australiana, que era tão diferente da de qualquer outro país, decidi tomar isso como uma ordem verdadeira, e ir imediatamente.

Symonds, 1894, vol.2, 87

Charles Eliot Norton: Vimos Darwin várias vezes durante os últimos dez dias. Ele é uma pessoa encantadora por sua simplicidade, doçura e força. ... Seu rosto é grande, com pouca beleza de traços, mas muita de expressão. Ele tem um humor jovial e maneiras alegres, amistosas. ... Sua conversa não é muitas vezes memorável por ditos brilhantes ou admiráveis, mas é sempre a expressão das qualidades da mente e do coração que se combinam em tão rara excelência em seu gênio.

Norton, 1913, vol.1, 309, 477

Joseph Parslow [mordomo de Darwin]: Ele era um tipo de cavalheiro muito sociável, cortês, muito brincalhão e realmente alegre; um bom marido, bom pai e excelente patrão. Até seus lacaios costumavam ficar com ele até por cinco anos. Preferiam ficar a receber um salário mais alto em algum outro lugar. A cozinheira chegou quando jovem e continuou lá até a morte dele – quase trinta anos.

Jordan, 1922, vol.1, 273

Alfred Lord Tennyson: 17 de agosto [1868], Farringford. O sr. Darwin fez uma visita e me pareceu muito amável, simples e agradável. A. lhe disse: "Sua teoria da Evolução não vai contra o Cristianismo?" E Darwin respondeu: "Não, certamente não."

Tennyson, 1898, vol.1, 74

Kliment Timiriazev: Alguns minutos depois, e de maneira muito inesperada, Darwin entrou na sala. ... Fui confrontado com um velho impressionante, com uma grande barba grisalha, olhos muito fundos, cuja aparência calma e gentil o fazia esquecer o cientista e pensar no homem. Não pude evitar compará-lo com um sábio antigo ou um patriarca do Antigo Testamento, comparação que foi muitas vezes citada desde então.

Timiriazev, 2006, 51

Mark Twain: Considero de fato um grande elogio e uma honra muito elevada que aquela grande mente, trabalhando por toda a raça humana, descanse com meus livros. Orgulha-me que ele os leia para conciliar o sono.

Twain, 1910, 33

John Tyndall: Aludo ao sr. Charles Darwin, o Abraão dos cientistas – um pesquisador tão obediente ao comando da verdade quanto era o patriarca ao comando de Deus.

Tyndall, 1871, 368

Alfred Russel Wallace: Quanto a Darwin, conheço exatamente nossas posições relativas e minha grande inferioridade diante dele.

Comparo-me a um chefe de Guerrilha, muito bom para uma escaramuça ou para um movimento de flanco, e até capaz de esboçar o plano de uma campanha, mas desatento às comunicações e descuidado em relação ao Comissariado; – ao passo que Darwin é o grande General que pode manobrar o maior exército, atento a suas linhas de comunicação com uma inexpugnável base de operações, sem esquecer nenhum detalhe de disciplina, armas ou suprimentos, e conduz suas forças à vitória. Sinto-me verdadeiramente agradecido por Darwin ter estudado o assunto tantos anos antes de mim e por não me deixar a tarefa de tentar e fracassar no grande trabalho que ele levou a cabo tão admiravelmente.

A.R. Wallace para Charles Kingsley,
7 mai 1869, Wallace Letters Online

Vitória, princesa real da Rússia: Ela estava muito *au fait* da *Origem*. ... Disse que depois de o ler duas vezes ela não conseguia ter clareza quanto à origem de quatro coisas, a saber: o mundo, as espécies, o homem e as raças branca e negra. Terá uma destas últimas provindo da outra? Ou ambas vieram de alguma linhagem comum? Ela me perguntou o que eu estava fazendo, e eu expliquei que, ao remodelar os "Princípios", tive de abrir mão da criação independente de cada espécie. Ela disse que compreendia inteiramente minha dificuldade, porque depois de seu livro "as antigas opiniões tinham recebido uma sacudidela da qual jamais iriam se recuperar".

Charles Lyell para Darwin,
16 jan 1865, DCP 4746

RECORDAÇÕES DA FAMÍLIA

A maneira como ele nos criou é demonstrada por uma pequena história sobre meu irmão Leonard, que meu pai gostava de contar. Ele entrou na sala de estar e encontrou Leonard dançando em cima do sofá, o que era proibido, por causa das molas, e disse: "Ó, Lenny, Lenny, isso é contra todas as regras"; e recebeu por resposta: "Então acho que seria melhor você sair da sala."

Life and Letters, vol.1, 134

É uma prova dos termos em que estávamos, e também do quanto ele era valorizado como companheiro de brincadeiras, o fato de que um de seus filhos, quando tinha cerca de quatro anos, tentou suborná-lo com seis *pence* para brincar nas horas de trabalho. Nós todos conhecíamos o caráter sagrado do horário de trabalho, mas parecia uma impossibilidade alguém resistir a seis *pence*. ... Outra marca de sua paciência sem limites era a forma como tolerava que fizéssemos incursões no escritório quando tínhamos uma necessidade absoluta de esparadrapo, barbante, alfinetes, tesoura, selos, craveira ou martelo. Estas e outras utilidades eram sempre encontradas no escritório, aquele era o único lugar onde isso era uma certeza. Em geral achávamos errado entrar lá durante o horário de trabalho; ainda assim, quando a necessidade se impunha, nós o fazíamos. Lembro-me de sua expressão paciente quando ele disse uma vez: "Não pense que não poderia entrar de novo, já fui interrompido com muita frequência."

Life and Letters, vol.1, 136

Nossa prima mais velha, Julia Wedgwood, disse que o único lugar na casa de meu pai e minha mãe onde você poderia ter certeza de não encontrar uma criança era o quarto das crianças, e de fato nós convivíamos com nossos pais muito mais que a maioria das crianças. Muitas vezes, mesmo durante suas horas de trabalho, uma criança doente era acomodada no sofá de meu pai, para ficar quieta, segura e acalmada pela sua presença.

Emma Darwin, vol.1, 468

Lembro-me de meu pai entrando na sala de estar em Down, aparentemente procurando alguém, enquanto eu, então estudante, estava sentado no sofá com *A origem das espécies* nas mãos. Ele olhou por cima do ombro e disse: "Aposto meia coroa que você não chega ao fim desse livro."

Keynes, 1943, 35

Quando menino, aproximei-me de meu pai enquanto passeava pelo gramado, e ele, creio eu, após uma ou duas palavras amáveis, deu-me as costas como se estivesse completamente incapacitado para levar adiante qualquer conversa. Então, de repente, me veio à mente a convicção de que ele gostaria de não estar mais vivo. Não devia haver uma expressão exausta e enfastiada em seu rosto para produzir, nessas circunstâncias, semelhante efeito sobre a mente de um menino?

L. Darwin, 1929, 121

Meu pai gostava muito de vagar lentamente pelo jardim com minha mãe ou algum de seus filhos, ou fazendo parte de um grupo, sentar-se num banco ou no gramado; em geral se sentava na grama, e lembro-me dele frequentemente deitado debaixo de uma das grandes tílias, com a cabeça sobre o monte de terra verde ao pé dela.

Life and Letters, vol.1, 116

Ele não podia evitar personificar coisas naturais. Esse sentimento se manifestava tanto no insulto quanto no louvor – por exemplo, sobre algumas mudas – "As malandrinhas estão fazendo exatamente o que eu não quero que façam." Ele falava num tom entre a irritação e a admiração acerca da engenhosidade da folha de Mimosa ao se torcer para fora de uma bacia de água em que ele tentara fixá-la. Podia-se ver o mesmo espírito em sua maneira de falar da Drósera, das minhocas etc.

Life and Letters, vol.1, 117

Ele tinha um amor infantil por doces, infelizmente para ele, que estava sempre proibido de comê-los. Não era particularmente bem-sucedido em manter os "votos", como os chamava, que fazia contra comer doces, e nunca os considerava obrigatórios a menos que proferidos em voz alta.

Life and Letters, vol.1, 118

Depois do seu almoço, ele lia o jornal deitado no sofá da sala de estar. Acho que o jornal era a única matéria não científica que lia para si mesmo. Todas as outras coisas, romances, viagens, história, eram lidas em voz alta para ele. ... Depois que lia seu jornal, chegava a hora de escrever cartas. Estas, assim como os manuscritos de seus livros, eram redigidas por ele sentado numa enorme poltrona de crina junto ao fogo, o papel apoiado numa tábua pousada nos braços da poltrona.

Life and Letters, vol.1, 118-9

Em dinheiro e assuntos de negócios ele era notavelmente cuidadoso e exato. Mantinha contas com grande cuidado, classificando-as e fazendo balanço no fim do ano, como um comerciante. Lembro-me da maneira rápida como estendia a mão para seu livro de contabilidade a fim de registrar cada cheque pago, como se tivesse pressa de deixá-lo registrado antes que se esquecesse.

Life and Letters, vol.1, 120

Ele tinha uma economia favorita de papel, porém era mais um hobby que uma economia real. Todas as folhas em branco de cartas recebidas eram mantidas numa pasta para serem usadas em anotações; foi seu respeito pelo papel que o fez escrever nos versos de seus velhos manuscritos, e dessa maneira, infelizmente, destruiu grandes partes dos manuscritos originais de seus livros.

Life and Letters, vol.1, 121

Ele cheirou rapé durante muitos anos de sua vida, tendo aprendido o hábito em Edimburgo quando estudante. ... Geralmente cheirava rapé de um pote na mesa do vestíbulo, porque ter de percorrer essa distância para uma pitada era um pequeno controle; o clique da tampa do pote de rapé era um som muito familiar. Às vezes, quando ele estava na sala de estar, ocorria-lhe que o fogo no gabinete devia estar baixo, e quando algum de nós se oferecia para cuidar disso, revelava-se que ele também desejava tomar uma pitada de rapé.

Life and Letters, vol.1, 122

Frequentemente ele se deitava no sofá e ouvia minha mãe tocar piano. Não possuía bom ouvido, mas, a despeito disso, tinha um verdadeiro amor pela boa música. Costumava lamentar que seu gosto musical tivesse ficado embotado com a idade, contudo, em minha lembrança, seu amor por uma boa melodia era forte. Nunca o ouvi cantarolar mais que uma melodia, a canção galesa "Ar hyd y nos", que executava corretamente; costumava também, eu me lembro, cantarolar uma cançoneta taitiana.

Life and Letters, vol.1, 123

Ele gostava muito de romances, e lembro bem a maneira como antecipava o prazer de ter um romance lido, enquanto ficava deitado ou acendia seu cigarro. Sentia um vívido interesse tanto pela trama quanto pelos personagens, e não queria de maneira nenhuma saber de antemão como terminava a história; considerava olhar o fim de um romance um vício feminino. Não gostava de nenhuma história com fim trágico, e por essa razão não apreciava com entusiasmo George Eliot, embora muitas vezes elogiasse calorosamente *Silas Marner.* Walter Scott, a srta. Austen e a sra. Gaskell eram lidos e relidos até não poder mais.

Life and Letters, vol.1, 124-5

Grande parte de sua leitura científica era em alemão, e esse era um trabalho muito árduo para ele. ... Quando começou a ler em alemão, muito tempo atrás, gabou-se do fato (como costumava contar) para sir J. Hooker, que respondeu: "Ah, meu caro amigo, isso não é nada; eu recomecei muitas vezes."

Life and Letters, vol.1, 126

Nas ciências não biológicas, ele sentia entusiástica simpatia por trabalhos que não podia realmente julgar. Por exemplo, costumava ler a *Nature* quase inteira, embora muito dela verse sobre matemática e física. Diversas vezes o ouvi dizer que obtinha uma espécie de satisfação lendo artigos que (segundo ele mesmo) não conseguia compreender.

Life and Letters, vol.1, 127

Qualquer aparição pública, mesmo do tipo mais modesto, era um esforço para ele.

Life and Letters, vol.1, 128

Seu amor por paisagens permaneceu fresco e forte. Cada caminhada em Coniston [no English Lake District] era um novo deleite, e ele nunca se cansava de elogiar a beleza da região montanhosa e acidentada na cabeceira do lago. Uma das lembranças felizes desse tempo [1879] é a de uma deliciosa visita a Grasmere: "O dia perfeito", escreve minha irmã [Henrietta Litchfield], "e o vívido prazer e o fluxo de estados de ânimo de meu pai formam uma imagem em minha mente em que gosto de pensar. Ele mal conseguia ficar sentado quieto na carruagem, virando-se e levantando-se para admirar a vista de cada novo ponto, e até ao retornar ele estava deslumbrado com a beleza de Rydal Water, embora não pudesse admitir que Grasmere se igualava de alguma forma a seu amado Coniston."

Life and Letters, vol.1, 129

Sempre se alegrava ao chegar em casa depois de suas férias; costumava gostar muito das boas-vindas que recebia da sua cadela Polly, que ficava louca de excitação, arquejando, guinchando, correndo pela sala e pulando nas cadeiras; e ele costumava se abaixar, apertando a cara dela contra a sua, deixando-a lambê-lo e falando com ela com uma voz peculiarmente terna, acariciante.

Life and Letters, vol.1, 130

Ele nunca estava muito à vontade, exceto quando inteiramente absorto em seus escritos. Evidentemente receava a ociosidade como se ela roubasse seu próprio analgésico, o trabalho.

L. Darwin, 1929, 120

Outra qualidade exibida em seu trabalho experimental era a capacidade de se ater a um assunto; ele costumava quase se desculpar por sua paciência, dizendo que não podia suportar ser derrotado, como se isso fosse antes um sinal de fraqueza de sua parte. Frequentemente citava o ditado "É a persistência que vence".

Life and Letters, vol.1, 149

Seu tom cortês e conciliatório para com o leitor é notável, e deve ter sido em parte essa qualidade que revelou sua doçura pessoal de caráter a tantos que nunca o tinham visto. ... O tom de um livro como a *Origem* é encantador e quase patético; é o tom de um homem que, convencido da verdade de suas próprias concepções, quase não espera convencer os outros.

Life and Letters, vol.1, 155-6

O amor ao experimento era muito forte nele, e posso lembrar a maneira como dizia: "Não vou sossegar até ter tentado", como se uma força exterior o estivesse compelindo.

Life and Letters, vol.1, 150

Seu amor e bondade para com o netinho Bernard eram grandes; e ele frequentemente falava do prazer que lhe dava ver "o rostinho do menino diante dele" no almoço. Ele e Bernard costumavam comparar seus gostos; por exemplo, gostar de açúcar mascavo mais que do branco etc.; o resultado era: "Nós sempre concordamos, não?"

Life and Letters, vol.1, 135

Tenho uma vívida lembrança do prazer de esvaziar minha garrafa de besouros mortos para meu pai nomeá-los, e a empolgação, que ele compartilhava inteiramente, quando alguns se provavam incomuns.

Life and Letters, vol.2, 140

Ele andava se balançando, usando uma bengala com uma pesada ponteira de ferro que batia ruidosamente contra o chão, produzindo, enquanto percorria o "Caminho de areia" em Down, um clique rítmico, que é para todos nós uma lembrança muito nítida.

Life and Letters, vol.1, 109

Duas peculiaridades de sua roupa em casa eram que ele portava quase sempre um xale sobre os ombros e que tinha grandes botas de pano forradas de pele que calçava por cima dos sapatos usados dentro de casa. Como a maioria das pessoas delicadas, sofria com o calor assim como com a friagem; era como se não pudesse alcançar o equilíbrio entre quente demais e frio demais.

Life and Letters, vol.1, 112

No passado, ele dava um certo número de voltas [pelo "Caminho de areia"] todos os dias, e costumava contá-las por meio de uma pilha de seixos, um dos quais chutava para fora do caminho cada vez que passava. Nos últimos anos, acho que não se atinha a nenhum número fixo de voltas, mas dava tantas quantas tinha força.

Life and Letters, vol.1, 115

Quando eu estava trabalhando em *Life and Letters*, não tinha visto o texto [ensaio manuscrito de Darwin sobre seleção natural de 1842]. Ele só veio à luz depois da morte de minha mãe, em 1896, quando a casa de Down foi esvaziada. O manuscrito estava escondido num armário debaixo da escada que não era usado para papéis de nenhum valor, mas antes como escoadouro para coisas que ele não queria destruir.

F. Darwin, 1909, xvii

Meu pai [George Darwin] explicou-me uma vez que meu avô [Charles Darwin] era um pouco diferente de seus filhos porque era apenas meio Wedgwood, ao passo que eles tinham em si uma dose dupla de sangue Wedgwood em razão dos dois casamentos Darwin-Wedgwood em duas gerações sucessivas. "Nenhum de vocês jamais viu um Darwin que não fosse principalmente Wedgwood", disse ele com muita tristeza, como se falasse de uma linhagem moribunda.

Raverat, 1952, 154

Durante a noite de 18 de abril, cerca de um quarto para as doze, ele teve um ataque severo e sofreu um desmaio, do qual foi trazido à consciência com grande dificuldade. Parecia reconhecer a aproximação da morte, e disse: "Não sinto o menor medo de morrer." Toda a manhã seguinte sofreu com terrível náusea e debilidade, e quase não se reanimou antes que o fim chegasse. Morreu por volta das quatro horas na quarta-feira, 19 de abril de 1882.

Life and Letters, vol.3, 358

TRIBUTOS

Esperamos que não pense que estamos tomando uma liberdade se ousarmos sugerir que seria aceitável para um grande número de nossos compatriotas de todas as classes e opiniões que nosso ilustre compatriota, sr. Darwin, fosse enterrado na abadia de Westminster.

John Lubbock, Petição a
G.G. Bradley, deão de Westminster,
21 abr 1882, *Life and Letters*, vol.1, 360

Em 1859 foi publicada aquela que pode ser considerada a mais importante de todas as suas obras, *A origem das espécies por meio de seleção natural*. Ninguém que ainda não chegara à vida adulta na época pode fazer a mínima ideia da consternação causada pela publicação dessa obra. Não precisamos repetir os anátemas que foram lançados à cabeça do observador simplório, e as profecias de ruína para a religião e a moralidade se as doutrinas do sr. Darwin fossem aceitas. Ninguém, estamos certos, ficaria mais surpreso que o próprio autor com os resultados que se seguiram. Mas tudo isso se passou há muito tempo. … Foi dito, talvez prematuramente, que devemos retornar a Newton ou mesmo a Copérnico para encontrar um homem cuja influência sobre o pensamento humano e os métodos de exame do

Universo tenha sido tão radical quanto a do naturalista que acaba de morrer.

"Obituário", *The Times*, 21 abr 1882, 5

Darwin foi muito lido, mas falou-se dele ainda mais. Desde a publicação de sua obra *A origem das espécies* em 1859, e particularmente nos onze anos que transcorreram desde que sua *Origem do homem* foi dada ao mundo, ele era o mais conhecido dos pensadores vivos. ... Os estudantes compreenderam intuitivamente que, se o homem é descendente de um símio, não pode ser descendente de Adão. Toda aquela parte do mundo que nunca tinha pensado nessas coisas foi despertada pelo choque da nova ideia.

"Obituário", *The New York Times*, 21 abr 1882

Ele passou aquela vida elaborando uma ideia central, e permaneceu no mundo o tempo suficiente para ver todo o curso da ciência moderna alterado por suas especulações.

"Obituário", *The Morning Post*, 21 abr 1882

Muito poucos, mesmo entre aqueles que foram tomados pelo mais intenso interesse pelo progresso da revolução do conhecimento da natureza provocada pela publicação de *A origem das espécies*; e que observaram, não sem espanto, a rápida e completa mudança efetuada tanto dentro quanto fora dos limites do mundo científico na atitude da mente dos homens em relação às doutrinas expostas naquela grande obra, podiam estar preparados para a extraordinária manifestação de afetuoso respeito pelo homem, e de profunda reverência pelo filósofo, que se seguiu ao anúncio, na quinta-feira passada, da morte do sr. Darwin.

T.H. Huxley, "Obituário", *Nature*,
27 abr 1882

Não podíamos pensar, não podíamos suportar pensar que aquele cérebro incansável e fértil, aquele coração simples e bondoso cessariam de trabalhar entre nós durante muitos anos por vir. Esperávamos ansiosamente muitos outros dos conhecidos volumes encadernados de verde, ricos em fatos prolíficos e maravilhosas aplicações de minuciosas descobertas.

Grant Allen, "Obituário", *The Academy*,
21 (29 abr 1882), 306

Que vida humana poderia ser mais cheia
De elevada realização, como de anos?
Quem mais descobriu tanto para colher
Dos frutos maduros que o trabalho produz?
Se a vida do homem deve ter um fim
Quem não iria alegremente terminar assim?

George Romanes, in Pleins,
2014, 329-30

Por que tantos dos maiores intelectos fracassaram, ao passo que Darwin e eu descobrimos a solução desse problema. ... Como encontrei o que me parece uma resposta boa e precisa para essa questão, e uma resposta que é de algum interesse psicológico, vou, com sua permissão, expor brevemente do que se trata. Numa cuidadosa consideração, encontramos uma curiosa série de correspondências, tanto na mente quanto no ambiente que levaram a Darwin e a mim, os únicos entre nossos contemporâneos, a chegar de modo idêntico à mesma teoria. Primeiro (e mais importante, segundo creio), na juventude, tanto Darwin quanto eu nos tornamos entusiasmados caçadores de besouros. Ora, certamente não há nenhum grupo de organismos que impressione tanto o colecionador pelo número quase infinito de formas específicas, as intermináveis modificações de estrutura, forma, cor e marcas de superfície que os distinguem uns dos outros, e suas inúmeras adaptações a diversos ambientes.

A.R. Wallace, celebração Darwin-Wallace, 1908,
Linnean Society of London, 7-8

Você pode ser um neodarwinista rematado sem imaginação, metafísica, poesia, consciência ou decência. Porque a "Seleção Natural" não tem nenhuma significação moral: ela trata daquela parte da evolução que não tem nenhum propósito, nenhuma inteligência, e poderia mais apropriadamente ser chamada de seleção acidental ou, melhor ainda, Seleção Antinatural, já que nada é mais antinatural que um acaso. Se se pudesse provar que todo o Universo foi produzido por essa Seleção, somente tolos e malandros suportariam viver.

George Bernard Shaw, *Volta a Matusalém*,
1921, lxi-lxii

A teoria da evolução sem nenhuma dúvida é a mais importante generalização já feita no campo da biologia, merecedora de ser equiparada às grandes realizações das ciências físicas, como a conservação e a dissipação da energia, a moderna teoria do átomo ou a teoria da gravitação de Newton.

Julian Huxley, 1939, 1

MISCELÂNEA

Ele nasceu em Shrewsbury, em 12 de fevereiro de 1809. W.E. Gladstone, Alfred Tennyson e Abraham Lincoln nasceram no mesmo ano.

Lankester, 1896-97, vol.2, 4835

Assim como Darwin descobriu a lei da evolução na natureza orgânica, Marx descobriu a lei da evolução na história humana.

F. Engels, discurso junto ao túmulo de Karl Marx,
17 mar 1883
Marxist Internet Archive

Ela [Henrietta Darwin Litchfield] veio me visitar e perguntou o que eu tinha. Eu disse: "Gota latente."

"Ó! É isso que nós temos, vem da bebida de seus pais?" Ocorreu-me que a mente darwiniana devia ser mais versada em ciência que em sociedade.

Alice James, *Diary*, 228

O triunfo popular do darwinismo deve ser o golpe de morte para a teologia. ... Evolução e criação especial são ideias antagônicas.

Foote, 1889, 4-5

No curso do tempo, a humanidade teve de suportar dois grandes ultrajes das mãos da ciência feitos a seu ingênuo amor-próprio.

O primeiro foi quando ela compreendeu que nossa Terra não era o centro do Universo, mas somente um minúsculo grão num sistema mundial de magnitude quase inconcebível; isso está associado em nossa mente ao nome de Copérnico, embora doutrinas alexandrinas ensinassem algo muito similar. O segundo foi quando a ciência biológica roubou do homem seu peculiar privilégio de ter sido especialmente criado e relegou-o a uma descendência do mundo animal, implicando nele uma natureza animal inerradicável: essa transposição de valores foi levada a cabo em nosso próprio tempo sob a instigação de Charles Darwin, Wallace e seus predecessores, e não sem a mais violenta oposição de seus contemporâneos.

Freud, 1920, 246-7

A primeira objeção ao darwinismo é que ele é apenas uma suposição, e nunca passou disso. É chamado de "hipótese", mas a palavra "hipótese", embora eufônica, solene e altissonante, é meramente um sinônimo científico para a antiquada palavra "suposição". Se Darwin tivesse apresentado suas concepções como uma *suposição*, elas não teriam sobrevivido um ano, mas elas flutuaram por meio século, mantidas à tona pela inflada palavra "hipótese". Quando se compreender que "hipótese" significa suposição, as pessoas irão inspecioná-la mais cuidadosamente antes de aceitá-la.

William Jennings Bryan,
The New York Times, 26 fev 1922

Para um advogado, eu era um cientista razoavelmente fundamentado. Fora criado por meu pai à base de livros de ciência. Os livros de Huxley tinham sido hóspedes familiares durante anos, e já tínhamos todos os de Darwin assim que eram publicados.

Darrow, 1932, 250

Meu querido, descendentes dos símios! Vamos esperar que não seja verdade, mas, se for, vamos rezar para que a notícia não se espalhe.

Anedota anônima, in Montagu, 1942, 27

Tomei conhecimento pela primeira vez de Charles Darwin e da evolução quando ainda era estudante, em Chicago. ... É extraordinária a extensão em que as descobertas de Darwin não somente mudaram a concepção do mundo de seus contemporâneos como também continuam a ser fonte de grande estimulação intelectual tanto para cientistas quanto para não cientistas.

James D. Watson,
Los Angeles Times, 18 set 2005

Não é a mais forte das espécies que sobrevive, nem a mais inteligente. É aquela mais adaptável à mudança.

Frase erroneamente atribuída a Darwin

REFERÊNCIAS BIBLIOGRÁFICAS

TÍTULOS ABREVIADOS

Autobiografia: ver Nora Barlow (org.), 1958.
Diário do Beagle: ver R.D. Keynes (org.), 1988.
Correspondência: ver F.H. Burkhardt et al. (orgs.), 1983-2016.
DCP: ver Darwin Correspondence Project.
Diário de Darwin: ver De Beer (org.), 1959.
Origem do homem: ver Charles Darwin, 1871.
Emma Darwin: ver Henrietta Litchfield (org.), 1904.
Ensaio 1844: ver Francis Darwin (org.), 1909.
Expressão: ver Charles Darwin, 1872.
Diário de pesquisas 1839: ver Charles Darwin, 1839.
Diário de pesquisas 1845: ver Charles Darwin, 1845.
Life and Letters: ver Francis Darwin (org.), 1887.
More Letters: ver Francis Darwin e A.C. Seward (orgs.), 1903.
Caderno de anotações B, C, D, E, M, N: ver Paul H. Barrett et. al. (orgs.), 1987.
Orquídeas: ver Charles Darwin, 1862.
Origem das espécies 1859: ver Charles Darwin, 1859.
Origem das espécies 1861: ver Charles Darwin, 1861.
Notas ornitológicas: ver Nora Barlow (org.), 1963.
Variação: ver Charles Darwin, 1868.

Agassiz, Elizabeth Cary (org.). *Louis Agassiz: His Life and Correspondence.* Boston/Nova York, Houghton/Miflin & Co., 1890.

Agassiz, Louis. "[Crítica:] 'On the Origin of Species'". *American Journal of Science and Arts*, ser.2, n.10, 1860, p.142-54.

Allingham, William. *William Allingham: A Diary*. Londres, Macmillan and Co., 1907.

Aveling, E.B. *The Religious Views of Charles Darwin*. Londres, Freethought Publishing Company, 1883.

Barlow, Nora (org.). *The Autobiography of Charles Darwin 1809-1882. With the Original Omissions Restored. Edited and With Appendix and Notes by his Grand-daughter Nora Barlow*. Londres, Collins, 1958.

Barlow, Nora. "Darwin's ornithological notes". *Bulletin of the British Museum (Natural History), Historical Series*, vol.2, n.7, 1963, p.201-78.

Barrett, Paul H. et al. (orgs.). *Charles Darwin's Notebooks, 1836-1844: Geology, Transmutation of Species, Metaphysical Enquiries*. Cambridge, Cambridge University Press, 1987.

Burkhardt, F.H. et al. (orgs.). *The Correspondence of Charles Darwin*, vols.1-24 (1821-74). Cambridge, Cambridge University Press, 1983-2016. *Ver também* Darwin Correspondence Project.

Chapman, M.W. *Harriet Martineau's Autobiography*, 2 vols. Boston, 1877.

Cobbe, Frances Power. *Life of Frances Power Cobbe*, 2 vols. Londres, Richard Bentley & Son, 1894.

Conway, M.D. *Autobiography, Memories and Experiences*, 2 vols. Londres, Cassell and Company, 1904.

Darrow, Clarence. *The Story of my Life*. Nova York, Scribner's Sons, 1932.

Darwin Correspondence Project. Disponível em: https://www.darwinproject.ac.uk.

Darwin Online. The Complete Work of Charles Darwin Online. Disponível em: http://darwin-online.org.uk.

Darwin, Charles. *Journal of Researches into the Geology and Natural History of the Various Countries Visited by* HMS Beagle. Londres, Colburn, 1839.

____. *Journal of Researches into the Natural History and Geology of the Countries Visited During the Voyage of* HMS Beagle *Round the World*, 2ª ed. Londres, John Murray, 1845.
____. *On the Origin of Species by Means of Natural Selection, or the Preservation of Favoured Races in the Struggle for Life*. Londres, John Murray, 1859 (ed. bras.: *A origem das espécies*. São Paulo, Ubu, 2018).
____. *On the Origin of Species by Means of Natural Selection, or the Preservation of Favoured Races in the Struggle for Life*, 3ª ed. Londres, John Murray, 1861.
____. *On the Various Contrivances by which British and Foreign Orchids Are Fertilised by Insects*. Londres, John Murray, 1862.
____. *The Variation of Animals and Plants under Domestication*, 2 vols. Londres, John Murray, 1868.
____. *The Descent of Man, and Selection in Relation to Sex*, 2 vols. Londres, John Murray, 1871 (ed. bras.: *A origem do homem e a seleção sexual*. São Paulo, Hemus, 2008).
____. "Pantagenesis". *Nature: A Weekly Illustrated Journal of Science*, n.3, 27 abr, 1871, p.502-3.
____. *The Expression of the Emotions in Man and Animals*. Londres, John Murray, 1872 (ed. bras.: *A expressão das emoções no homem e nos animais*. São Paulo, Companhia de Bolso, 2009).
____. *The Descent of Man, and Selection in Relation to Sex*, 2ª ed. Londres, John Murray, 1874.
____. "A biographical sketch of an infant". *Mind: A Quarterly Review of Psychology and Philosophy*, vol.2, n.7, 1877, p.285-94.
____. "Preliminary notice". In E. Krause. *Erasmus Darwin*. Londres, John Murray, 1879.
Darwin, Charles e A.R. Wallace. "On the tendency of species to form varieties; and on the perpetuation of varieties and species by natural means of selection". *Journal of the Proceedings of the Linnean Society of London. Zooology*, n.3, 1858, p.45-50.

Darwin, Francis (org.). *The Life and Letters of Charles Darwin, Including an Autobiographical Chapter*, 3 vols. Londres, John Murray, 1887.
Darwin, Francis (org.). *The Foundations of The Origin of Species: Two Essays Written in 1842 and 1844*. Cambridge, Cambridge University Press, 1909.
Darwin, Francis. *Rustic Sounds and Other Studies in Literature and Natural History*. Londres, John Murray, 1917.
Darwin, Francis e A.C. Seward (orgs.). *More Letters of Charles Darwin: A Record of his Work in a Series of Hitherto Unpublished Letters*, 2 vols. Londres, John Murray, 1903.
Darwin, Leonard. "Memories of Down House". *The Nineteenth Century*, n.106, 1929, p.118-23.
De Beer, Gavin (org.). "Darwin's Journal". *Bulletin of the British Museum (Natural History) Historical Series*, n.2, 1959, p.1-21.
FitzRoy, Robert e Charles Darwin. "A letter, containing remarks on the moral state of Tahiti, New Zealand, etc.". *South African Christian Recorder*, vol.2, n.4, 1836, p.221-38.
Foote, G.W. *Darwin on God*. Londres, Progressive Publishing Company, 1889.
Freud, Sigmund. *A General Introduction to Psychoanalysis*. Nova York, Boni and Liveright, 1920.
Galton, Francis. *Memories of My Life*. Nova York, Dutton, 1909.
Gray, Asa. "Darwin and his reviewers". *Atlantic Monthly*, n.6, 1860, p.406-25.
Gotthelf, Allan. "Darwin on Aristotle", *Journal of the History of Biology*, n.32, 1999, p.3-30.
Gröben, Christiane (org.). *Charles Darwin and Anton Dohrn, Correspondence*. Nápoles, Macchiaroli, 1982.
Gunther, A.E. "The Darwin letters at Shrewsbury School". *Notes and Records of the Royal Society*, n.30, 1975, p.25-43.

Haeckel, Ernst. "On Darwin". *The Times*, 28 set 1882, p.6.

Healey, Edna. *Emma Darwin: The Inspirational Wife of a Genius*. Londres, Headline, 2001.

Hodge, Charles. *What is Darwinism?*. Nova York, Scribner, 1874.

Huxley, Julian. *The Living Thoughts of Darwin*. Londres, Cassell, 1939.

Huxley, Thomas Henry. "The Origin of Species". *Westminster Review*, vol.17, 1860, p.541-70.

James, Alice. *The Diary of Alice James*. Leon Edel (org.). Londres, Penguin Books, 1964.

Jensen, J. Vernon. "Return to the Wilberforce-Huxley debate". *British Journal for the History of Science*, n.21, 1988, p.161-79.

Jenyns, L. [L. Blomefield]. *Chapters in My Life: With Appendix Containing Special Notices of Particular Incidents and Persons*. Bath, impressão particular, 1887.

Jordan, David Starr. *The Days of a Man: Being Memories of a Naturalist, Teacher and Minor Prophet of Democracy*, 2 vols. Londres, George Harrap, 1922.

Keynes, Margaret. "Leonard Darwin", *Economic Journal*, n.53, 1943, p.439-48.

Keynes, R.D. (org.). *Charles Darwin's Beagle Diary*. Cambridge, Cambridge University Press, 1988.

Lankester, E. Ray. "Charles Robert Darwin". In C.D. Warner (org.). *Library of the World's Best Literature Ancient and Modern*, 30 vols. Nova York, Peale & Hill, 1896-97.

Litchfield, Henrietta (org.). *Emma Darwin, Wife of Charles Darwin. A Century of Family Letters*, 2 vols. Cambridge, Cambridge University Press, 1904.

Marx, Karl. *Karl Marx, Frederick Engels: Collected Works*. Richard Dixon et al. (orgs.), 50 vols. Nova York, International Publishers, 1975-2004.

Mill, John Stuart. *A System of Logic, Ratiocinative and Inductive: Being a Connected View of the Principles of Evidence and the Methods of Scientific Investigation*, 5ª ed., 2 vols., Londres, 1862.

Mivart, St. George J. "[Review of] *The Descent of Man*". *Quarterly Review*, n.131, jul 1871, p.47-90.

Montagu, Ashley. *Man's Most Dangerous Myth: The Fallacy of Race*. Nova York, Columbia University Press, 1942.

Morley, John. *The Life of William Ewart Gladstone*, 2 vols. Nova York, Macmillan, 1903.

Nevill, Ralph. *The Life and Letters of Lady Dorothy Nevill*. Londres, Methuen & Co., 1919.

Norton, C.E. *Letters of Charles Eliot Norton*, 2 vols. Cambridge, Houghton Mifflin, 1913.

Owen, Richard. "Review of *On the Origin of Species*". *Edinburgh Review*, n.111, 1860, p.487-532.

Pas, Peer W. van der. "The correspondence of Hugo de Vries and Charles Darwin". *Janus*, n.57, 1970, p.173-213.

Peart, Sandra J. e David M. Levy. "Darwin's unplished letter at the Bradlaugh-Besant trial: a question of divided expert judgement". *European Journal of Political Economy*, n.24, 2008, p.343-53.

Raverat, Gwen. *Periodic Piece: A Cambridge Childhood*. Londres, Faber and Faber, 1952.

Symonds, J.C. (org.). *Recollections of a Happy Life, Being the Autobiography of Marianne North*, 2 vols. Nova York, Macmillan, 1894.

Tennyson, Hallam (org.). *The Life and Works of Alfred Lord Tennyson*, 10 vols. Londres, Macmillan and Co., 1898.

Timiriazev, K.A. "A visit to Darwin, with Notes by Leon Bell. *Archipelago*, n.9, 2006, p.47-58.

Twain, Mark [Samuel Clemens]. W.D. Howells (org.). *Mark Twain's Speeches*. Nova York/Londres, Harper Brothers, 1910.

Tyndall, John. *Fragments of Science for Unscientific People: A Series of Detached Essays, Lectures and Reviews*. Nova York, D. Appleton, 1871.

Wallace, A.R. "Sir Charles Lyell on geological climates and the origins of species". *Quarterly Review*, vol.26, n.252, 1869, p.359-94.

____. *My Life: A Record of Events and Opinions*, 2 vols. Londres, Chapman and Hall, 1905.

Wilberforce, Samuel. "[Review of] *On the Origin of Species*". *Quarterly Review*, n.108, 1860, p.225-64.

CRÉDITOS DAS IMAGENS

p.22: Charles Darwin, desenho em aquarela de George Richmond, 1840. Reproduzido com permissão de Historic England Picture Library. © Historic England Archive.

p.66: Darwin e seu filho William, artista desconhecido, daguerreótipo, 1842. Reproduzido com permissão de Historic England Picture Library. © Historic England Archive.

p.114: Charles Darwin, fotografia de Maull & Fox. Reproduzida com permissão de National Portrait Gallery, Londres.

p.172: Caricatura, *The Hornet*, 22 mar 1871. Reproduzida com permissão de Special Collections, University College London.

p.210: Charles Darwin, fotografia de Julia Margaret Cameron, 1868. Reproduzida com permissão de Wellcome Library, Londres.

p.252: Charles Darwin, fotografia de Elliott & Fry, c.1881. Reproduzida com permissão da National Portrait Gallery, Londres.

AGRADECIMENTOS

Nos últimos anos, o estudo da ciência do século XIX foi transformado pela publicação on-line dos documentos relativos à vida e à obra de Darwin. O Darwin Correspondence Project é um excelente recurso acadêmico que disponibiliza, impressa e on-line, toda a correspondência existente (mais de 15 mil itens) e muitas outras coisas. Assim como torna acessíveis a vida e a obra de Darwin de uma maneira antes impossível, ele esclarece as transformações sociais e intelectuais significativas do período vitoriano. Muitas das citações que aqui figuram são tomadas de cartas que estão nesse banco de dados on-line, e faço irrestritos agradecimentos ao Projeto, dedicando minha mais calorosa admiração pelo conhecimento investido nessa excepcional coleção. A licença para publicar foi graciosamente concedida pelos agentes comerciais da Cambridge University Press e pelo sr. William Darwin. Agradeço em particular a James A. Secord, Alison Pearn e à excepcional equipe editorial do Projeto por sua amizade ao longo de tantos anos. Outras citações de cartas foram extraídas de textos publicados e arrolados nas referências bibliográficas.

The Complete Work of Charles Darwin Online é mais um maravilhoso recurso acadêmico que tornou disponíveis múltiplas edições de cada obra que Darwin escreveu e a maior parte dos livros que consultou, bem como ampla variedade de comentários e publicações sobre a teoria evolucionista. Esse material é importantíssimo para se compreender o impacto mundial e a ampla pesquisa em que ele baseou suas concepções. Dirijo meu reconhecimento caloroso ao diretor John van Wyhe nesse enorme empreendimento e registro meu uso do extraordinário website com gratidão e respeito. Extratos de publicações de Darwin são reproduzidos com permissão de The Complete Work of Charles Darwin Online, com organização de John van Wyhe. Os dois bancos de dados juntos são as coisas mais empolgantes que apareceram no campo da pesquisa científica durante muitos anos.

Desejo também dirigir meus agradecimentos a Katie Ericksen Baca, ex-assistente editorial no Darwin Correspondence Project, atualmente na Universidade Harvard, no Departamento de História da Ciência, e que foi de grande ajuda para mim durante a compilação deste volume; e também a Katelyn Smith ao longo dos estágios finais da preparação do livro. Tenho a sorte de usar por muitos anos o instrumental do sistema da Biblioteca de Harvard, da Biblioteca da Universidade de Cambridge e da Biblioteca Wellcome, em Londres. As imagens foram obtidas, com fartos agradecimentos, da coleção Wellcome Images, da English Heritage, da National Portrait Gallery e do University College London. Finalmente, sou extremamente agradecida a meus preparadores de texto na Princeton University Press, Alison Kalett e Lauren Bucca, e a meus amigos, alunos e colegas no Departamento de História da Ciência da Universidade Harvard.

ÍNDICE REMISSIVO

abacaxis, 38
abelhas, 117-8, 187, 195
abelhas-domésticas, 187, 195
aborígenes, australianos, 58, 196, 201
Abutilon darwini, 170
Academy, The, obituário de CD no, 284
acaso, 138, 142
adaptação, 77, 78, 81, 130, 289
  benéfica, 167
  bem de outra espécie e, 129
  espécies domesticadas e, 128
  Lamarck e, 100
  metáfora do mecanismo para, 130
  morfologia e, 69, 78-9, 116, 118, 144-5
  nem benéfica nem prejudicial, 144-5
  número e diversidade de desvios herdáveis de, 141
  produzida para bem do possuidor, 132-3
  utilidade da, 121, 126
África, 43
Agassiz, Elizabeth Cary, 253
Agassiz, Louis, 120, 160, 226, 253
agnosticismo, 216
Allen, Grant, 284
Allingham, William, 263
alma, 70, 215
América do Sul, 9, 30, 42, 45, 80-1, 115, 226
amor, 214
andamanos, ilhéus, 174
Andes, cordilheira dos, 43
anglicana, Igreja, 264-5
Angraecum sesquipedale (orquídea de Darwin), 168
animais:
  afinidades dos, 68
  classificação dos, 68
  consciência de si mesmo e, 195-6
  controles sobre aumento dos, 71
  descendência da humanidade dos, 287-8
  domesticados, 67, 92, 128, 131, 141, 142, 143, 183, 184, 204; *ver também* poder da humanidade sobre a seleção
  domesticados vs selvagens, 54-5
  extintos, 42-3
  fêmeas, 183, 184, 185
  guerra entre, 78
  humanidade para com, 238-9
  instintos dos, 68
  intelecto humano e, 190
  luta pela existência e, 71
  mais fortes extirpando mais fracos, 201
  migração de, 135
  morte e, 195
  origem dos, 147
  progenitores dos, 147
  raças de homens e, 180
  senso moral humano e, 187, 188
  sofrimento dos, 213
  um não superior ao outro, 68
  ver também aves; população, tamanho da; espécies
aristocracia, 225

Aristóteles, 230
arquiteto, 139-40
Árvore da Vida, 119
árvores genealógicas, 82
Ascensão, ilha de, 39-40
asilos, 204
astronomia, 138, 139
ateísmo, 137, 165, 216, 254
atóis, 45
Austen, Jane, 277
Austrália, 58, 201, 202
Autobiography of Charles Darwin, The (C. Darwin):
amigos e contemporâneos em, 253-4, 255, 257, 258-62
botânica em, 167, 168, 169
casamento em, 76
ciência em, 226, 230
cracas em, 94, 99
crença religiosa em, 211-3, 215-6, 218
crianças em, 89
desígnio em, 137
divergência com modificação em, 81
educação em, 23-9
embriologia em, 164-5
emoção em, 197, 198
escravidão em, 46
espécies em, 67, 70, 71, 80-1
geologia em, 41, 45
hábitos de escrita em, 232
origens humanas em, 173
precursores em, 100, 105
problemas de saúde em, 219
viagem do *Beagle* em, 32, 33, 40
vida pessoal em, 244-8, 250
Wallace em, 110-1, 123
Aveling, E.B.:
carta de CD em 13 out 1880 para, 217
The religious views of Charles Darwin, 217
aves, 116-7, 122, 143, 242
arquipélago de Galápagos e, 60, 62, 63, 77
corte e, 183-5, 186
espécies de, 67
instintos e, 196
mansidão das, 60
taxidermia das, 50-1
ver também animais
avestruz, 49
Avestruz Petise, 49

Babbage, Charles, 254
babuínos, 70, 249
baconianos, princípios, 67
Bahia, Brasil, 46
Bajada (Baja de Entre Rios, rio Paraná, Argentina), 42
Bateman, James, 168
Bates, H.W., 157-8, 232
Batráquios, 50
Battlett, Abraham D., carta de CD em 5 jan [1870] para, 197-8
Beagle ver HMS Beagle
Beagle, canal [estreito de], América do Sul, 54
Beaufort, Francis, 49
beleza, 132, 180, 184
Bell, Thomas, 111
Benchuca, percevejo, 37
besouro *Licinus*, 87
besouros, 26, 39, 86-7, 116, 280, 285
Bíblia, 211, 212, 217, 266-7, 270, 283
bivalves, 137
Blyth, Edward, 106
Boa Esperança, cabo da, 201
borboletas, 50
botânica, 166-70
Brachinus crepitans, 87

Bradlaugh, Charles, carta de CD em 6 jun 1877 para, 189
Bradley, G.G., 282
Brasil, 34, 46, 47, 170, 211
Bressa, prêmio (Sociedade de Turim, Itália), 230
British Association for the Advancement of Science, 18, 158, 162
Brodie, sir Benjamin, 158
brotos, 142, 144
Brown, Robert, 70, 253
Bryan, William Jennings, 288
Büchner, Georg, 196
Buffon, Georges-Louis Leclerc, conde de, 104
Butler, Samuel (autor), 253-4, 263
Butler, Samuel (diretor, escola de Shrewsbury), 23
Button, Jemmy (Orundellico), 56-7
Byron, Lord, 248

Cabo Verde, 41
caça, 25
Caderno de anotações B (C. Darwin), 68, 69
Caderno de anotações C (C. Darwin), 69
Caderno de anotações D (C. Darwin), 69, 71
Caderno de anotações E (C. Darwin), 180
Caderno de anotações M (C. Darwin), 69, 70, 247
Caderno de anotações N (C. Darwin), 70
cães, 35, 72, 138, 182, 195, 198, 214, 235-7, 244, 249, 278
cágados, 53, 59-60
Califórnia, corrida do ouro na, 202
Callithrix sciureus, 197-8
cambriana, formação, 164
Cameron, Julia Margaret, 210, 246
Candolle, Alphonse de, 78, 125
    carta de CD em 6 jul 1868 para, 174
Candolle, Augustin Pyramus de, 71
caráter/personalidade, 184, 246, 248
    de CD *ver* Darwin, Charles Robert
    de E.A. Darwin, 255
Carlyle, Thomas, 254
Carus, J.V., carta para CD, 16 nov 1866, 162
casamento, 72-6, 188, 203, 206, 225
castidade, 188
cavalos, 42
celibato, 188
células, 142, 143
cérebro, 69, 174, 181, 196
Chambers, Robert, *Vestiges of the Natural History of Creation*, 101, 103, 155-6
Chapman, John, carta de CD em 16 mai [1865] para, 223
Chemical Catechism (Henry e Parkes), 23-4
Chile:
    Benchuca do, 37
    cracas do, 94
    erupção vulcânica no, 43-4
    recifes de coral no, 45
    terremoto no, 36-7
chimpanzés, 198-9; *ver também* símios
Chonos, arquipélago de, Chile, 51
ciência, 75, 82, 159, 224, 226-30, 245, 250, 255
    amor de CD à, 245, 246
    argumentos a partir de resultados e, 79
    causas e, 228
    cautela e, 228
    Chambers e, 103
    Darrow e, 289
    desígnio e, 139
    encorajamento de Sedgwick em, 39-40

experimentos de química do irmão e, 23-4
falsas concepções e, 228
fatos, leis gerais e conclusões em, 28-9
Gray sobre, 157
hipóteses incompletas e incorretas em, 145
influência de CD sobre, 283-4
inspiração concernente à, 29
Julian Huxley sobre, 286
liberdade de pensamento e, 217
Lyell e, 259-60
não biológicas, 277
T.H. Huxley sobre, 155
ver também hipótese; observação
civilização, 56, 181, 191, 245
aborígenes australianos e, 58
avanço da, 203
artes e, 190-1, 204
castidade e, 188
herança de riqueza e prosperidade na, 204
Nova Gales do Sul, Austrália, 202
preservação de membros fracos da, 204
progresso e, 207
clássicos, 88-9
clero, 267
e possível profissão de CD, 30-1, 34-5, 39, 264
Clytus mysticus, 87
coadaptações, 116
Cobbe, Frances Power, 239
carta de CD em 23 mar [1870] para, 187
coco, 38
coelhos, 145, 146
colecionar, 26, 30, 40, 49-53, 86-7, 90, 96, 98, 166, 285
Coleridge, Samuel Taylor, 245, 248
Collier, John, carta de CD em 16 fev 1882 para, 249
colonialismo, 48, 201
colônias britânicas, 202
colonos australianos, 174
comércio, 10
cometas, 139
Concepción, Chile, 36-7
conchas, 77
conchas Braquiópodes, gêneros de, 127
Concholepas, 94
Coniston, Lake District, 277-8
consciência, 140
contracepção, 189
controvérsias, evitadas por CD, 247
Conway, Moncure Daniel, 263
Copérnico, Nicolau, 282, 288
coruja-das-torres branca, 77
Covington, Syms:
carta de CD em 23 nov 1850 para, 98, 202
carta de CD em 30 mar 1849 para, 96
cracas, 94-9, 154
criação, 120, 124
como termo, 148
especial, 287
Foote e, 287
individual, 78-9
Kingsley e, 147
Lyell e, 271
Powell e, 104
Spencer e, 103-4
ver também Deus/Criador
criadores *ver* animais, domesticados; humanidade, poder sobre seleção; plantas, domesticadas
cristianismo, 58, 212, 217, 254, 263, 270

Croll, James:
carta de CD em 19 set 1868 para, 163-4
carta de CD em 31 jan [1869] para, 164
Cuvier, Georges, 230

Dana, J.D.:
carta de CD em 8 out 1849 para, 97
carta de CD em 29 set [1856] para, 90
Darrow, Clarence, 289
Darwin, Anne, 85-6
Darwin, Bernard Richard Meirion (neto), 279
Darwin, Caroline Sarah (irmã):
carta de CD em 30 mar-12 abr 1833 para, 54-5
carta de CD em 13 nov 1833 para, 36
carta de CD em 13 out 1834 para, 36
carta de CD em 10-13 mar 1835 para, 36-7
carta de CD em 29 abr 1836 para, 231
Darwin, Charles Robert:
aparência de, 34, 263, 264, 266, 269, 270, 280
caráter de, 23, 30, 248, 264-5, 268-70, 279
caricatura de, de *The Hornet*, 172
daguerreótipo de, 66
desenho em aquarela por Richmond, 22
educação de, 23-9
enterro de, 11, 282
filhos de, 12, 84-9, 272-4
fotografia por Cameron, 210, 246
fotografia por Elliott e Fry, 252
fotografia por Maul e Fox, 114
gostos de, 23, 27, 89, 245, 246-7
morte de, 79, 281
nascimento de, 287
tributos a, 282-6
última vontade e testamento de, 249
vida e hábitos de, 267, 268, 272-81
– *CARTAS (ordenadas por sobrenome e data de envio)*:
para E.B. Avelling, 13 out 1880, 217
para Abraham D. Battlett, 5 jan [1870], 197-8
para Charles Bradlaugh, 6 jun 1877, 189
para Alphonse de Candolle, 6 jul 1868, 174
de J.V. Carus, 15 nov 1866, 162
para John Chapman, 16 mai [1865], 223
para Frances Power Cobbe, 23 mar [1870], 187
para John Collier, 16 fev 1882, 249
para Syms Covington, 30 mar 1849, 96
para Syms Covington, 23 nov 1850, 98
para James Croll, 19 set 1868, 164
para James Croll, 31 jan [1869], 164
para J.D. Dana, 8 out 1849, 97
para J.D. Dana, 29 set [1856], 90
para Caroline Sarah Darwin, 30 mar-12 abr 1833, 54-5
para Caroline Sarah Darwin, 13 nov 1833, 36
para Caroline Sarah Darwin, 13 out 1834, 36
para Caroline Sarah Darwin, 10-13 mar 1835, 36-7
para Caroline Sarah Darwin, 29 abr 1836, 231

para Emily Catherine Darwin, 22 mai-14 jul 1833, 226
para Emily Catherine Darwin, 22 mai[-14 jul] 1833, 47
para Emily Catherine Darwin, 6 abr 1834, 56-7
para Emily Catherine Darwin, 14 fev 1836, 39, 201
de Emma Wedgwood Darwin, 21-22 nov 1838, 74
de Emma Wedgwood Darwin, 23 jan 1839, 74
de Emma Wedgwood Darwin, c. fev 1839, 74-5
para Emma Wedgwood Darwin, 5 jul 1844, 79
para Emma Wedgwood Darwin, 20-21 mai 1848, 76
para Emma Wedgwood Darwin, [23 abr 1851], 85-6
para Emma Wedgwood Darwin, [28 abr 1858], 242
de Erasmus Alvey Darwin, 23 nov [1859], 152
para Horace Darwin, [15 dez 1871], 228-9
para Robert Waring Darwin, 31 ago [1831], 30-1
para Robert Waring Darwin, 8 fev-1º mar [1832], 32-3
para Robert Waring Darwin, 10 fev 1832, 32
para Susan Elizabeth Darwin, 14 jul-7 ago [1832], 34
para Susan Elizabeth Darwin, 4 ago [1836], 39
para William Erasmus Darwin, 3 out [1851], 86
para Anton Dohrn, 4 jan 1870, 228
para Anton Dohrn, 15 fev 1880, 230
para *Entomologist's Weekly Intelligencer*, 25 jun 1859, 87
para T.H. Farrer, 29 out [1868], 144
para Henry Fawcett, 18 set [1861], 227, 231
para Robert FitzRoy, [4 ou 11 out 1831], 32
para Robert FitzRoy, [19 set 1831], 49
para Robert FitzRoy, 1º out 1846, 245-6
para John Fordyce, 7 mai 1879, 216
para W.D. Fox, mai [1832], 41
para W.D. Fox, [12-13] nov 1832, 34-5
para W.D. Fox, [9-12 ago] 1835, 39
para W.D. Fox, 15 fev 1836, 255-6
para W.D. Fox, [7 jun 1840], 84
para W.D. Fox, [24 abr 1845], 101
para W.D. Fox, 17 jul [1853], 89
para W.D. Fox, 3 out [1856], 90
para W.D. Fox, 8 fev [1857], 82, 86
para W.D. Fox, 13 nov [1858], 87, 220
para W.D. Fox, 24 [mar 1859], 82, 246
de W.D. Fox, 26 nov [1864], 265
para Francis Galton, 23 dez [1869], 192-3
para Asa Gray, 20 jul [1857], 82
para Asa Gray, 4 jul 1858, 108
para Asa Gray, 11 nov [1859], 83
para Asa Gray, [8 ou 9 fev 1860], 132
para Asa Gray, 3 abr [1860], 132
para Asa Gray, 22 mai [1860], 137, 138

para Asa Gray, 3 jul [1860], 138-9, 160
para Asa Gray, 22 jul [1860], 256
para Asa Gray, 10 set [1860], 256
para Asa Gray , 5 jun [1861], 224
para Asa Gray, 10-20 jun [1862], 87, 163, 224
para Asa Gray, 23[-24] jul [1862], 168
para Asa Gray, 28 mai [1864], 246
para Asa Gray, 28 jan 1876, 247
para Albert Gunther, 12 abr [1874?], 53
de J.S. Henslow, 24 ago 1831, 30
para J.S. Henslow, [5 set 1831], 31
para J.S. Henslow, [26 out-]24 nov 1832, 50
para J.S. Henslow, 18 abr 1835, 240
para J.S. Henslow, 6 mai 1849, 219-20
para J.M. Herbert, 2 jun 1833, 48
para Frithiof Holmgren, 18 abr 1881, 238-9
para J.D. Hooker, [11 jan 1844], 77, 100
para J.D. Hooker, [7 jan 1845], 101
para J.D. Hooker, [16 abr 1845], 166
para J.D. Hooker, [11-12 jul 1845], 80
para J.D. Hooker, [10 set 1845], 80
para J.D. Hooker, [3 set 1846], 166
para J.D. Hooker, [2 out 1846], 94
para J.D. Hooker [6 nov 1846], 95
para J.D. Hooker, 10 mai 1848, 95-6
para J.D. Hooker, 13 jun [1850], 97
para J.D. Hooker, 5 jun [1855], 166, 167
para J.D. Hooker, 13 jul [1856], 82
para J.D. Hooker, 15 jan [1858], 220
para J.D. Hooker, [29 jun 1858], 86, 107
para J.D. Hooker, 13 [jul 1858], 109
para J.D. Hooker, 23 jan [1859], 110
para J.D. Hooker, 1º set [1859], 221
para J.D. Hooker, 30 mai [1860], 159-60
para J.D. Hooker, 4 dez [1860], 169
para J.D. Hooker, 15 jan [1861], 258
para J.D. Hooker, 23 [abr 1861], 221-2
para J.D. Hooker, 19 jun [1861], 167
para J.D. Hooker, 30 jan [1862], 168
para J.D. Hooker, 9 fev [1862], 227
para J.D. Hooker, 9 [abr 1862], 222
para J.D. Hooker, 24 dez [1862], 225
para J.D. Hooker, 15 fev [1863], 169
para J.D. Hooker, 26 [mar 1863], 227
para J.D. Hooker, [29 mar 1863], 148
para J.D. Hooker, [27 jan 1864], 170
para J.D. Hooker, 26[-27] mar [1864], 222
de J.D. Hooker para CD, [11 jun 1864], 266
para J.D. Hooker, 9 fev [1865], 243
para J.D. Hooker, [29 jul 1865], 259
para J.D. Hooker, 25 dez [1868], 258
para J.D. Hooker, 16 jan [1869], 164
para J.D. Hooker, 1º fev [1871], 148
para J.D. Hooker, 23 jul [1871], 170
para J.D. Hooker, 18 jan [1874], 229
para Leonard Horner, 29 ago [1844], 45
de A. von Humboldt, 18 set 1839, 266
para T.H. Huxley, 26 set [1857], 82
para T.H. Huxley, 2 jun [1859], 83

para T.H. Huxley, 27 nov [1859], 90-1
para T.H. Huxley, 28 dez [1859], 153-4
para T.H. Huxley, 3 jul [1860], 160, 259
para T.H. Huxley, [5 jul 1860], 159
para T.H. Huxley, 22 nov [1860], 161
para T.H. Huxley, 22 fev [1861], 221
para T.H. Huxley, 30 jan [1868], 197
para Henrietta Darwin Litchfield, [18 fev 1870], 233
para Henrietta Darwin Litchfield, [mar] 1870, 233-4
para Henrietta Darwin Litchfield, 20 mar 1871, 178-9
para Henrietta Darwin Litchfield, 4 set [1871], 88
para Henrietta Darwin Litchfield, 4 jan 1875, 238
para John Lubbock, 5 set [1862], 227
para Charles Lyell, 30 jul 1837, 67
para Charles Lyell, [14] set [1838], 68
para Charles Lyell, [2 set 1849], 96-7
para Charles Lyell, 4 nov [1855], 91
de Charles Lyell, 1-2 mai 1856, 90
para Charles Lyell, 18 [jun 1858], 106-7
para Charles Lyell, [24 junho 1858], 107
para Charles Lyell, 20 set [1859], 83
para Charles Lyell, [10 dez 1859], 153
para Charles Lyell, 10 abr [1860], 101-2, 157, 260
para Charles Lyell, 4 mai [1860], 173-4, 202-3
para Charles Lyell, 17 jun [1860], 129-30, 138
para Charles Lyell, 3 out [1860], 126-7, 130
para Charles Lyell, 14 nov [1860], 169
para Charles Lyell, [1º ago 1861], 139
para Charles Lyell, 12-13 mar [1863], 104
de Charles Lyell, 15 mar 1863, 162
de Charles Lyell, 16 jan 1865, 271
para Victor A.E.G. Marshall, 7 [set] 1879, 261
para Frederick McDermott, 24 nov 1880, 217
para N.A. von Mengden, 8 abr 1879, 216
para J.F.T. Muller, [antes de 10 dez 1866], 256-7
para John Murray, 14 jun [1859], 231
para John Murray, 3 nov 1859, 91, 152
para William Ogle, 6 mar [1868], 144
para William Ogle, 22 fev 1882, 230
para Baden Powell, 18 jan [1860], 101
para G.J. Romanes, 7 mar 1881, 193
de Adam Sedgwick, 24 nov 1859, 152-3
de A.R. Wallace, 2 jul 1866, 131, 149
para A.R. Wallace, 22 dez 1857, 106, 173, 226
para A.R. Wallace, 18 mai 1860, 158

para A.R. Wallace, 28 [mai 1864], 180, 225
para A.R. Wallace, 15 jun [1864], 180-1
para A.R. Wallace, 5 jul [1866], 149-50
para A.R. Wallace, 22 mar [1869], 174
para A.R. Wallace, 27 mar [1869], 145
para A.R. Wallace, 14 abr 1869, 174-5
para A.R. Wallace, 20 abr [1870], 261-2
para Julia Wedgwood, 11 jul [1861], 139
para C.T. Whitley, 8 mai 1838, 72
– OBRAS:
Autobiografia, 23-9, 31-2, 33, 39-40, 41, 45, 46, 67, 70, 71, 75, 76, 80-1, 89, 94, 98-9, 100, 105, 110-1, 123, 137, 164-5, 168-9, 170, 173, 193, 197, 198, 211-2, 213, 215-6, 219, 226, 230, 232, 233, 244, 245, 246-8, 250, 253-4, 255, 257, 258, 259-60, 261, 262
Caderno de anotações B, 68, 69
Caderno de anotações C, 69
Caderno de anotações D, 69, 71
Caderno de anotações E, 180
Caderno de anotações M, 69, 70, 247
Caderno de anotações N, 70
Diário de Darwin, 73, 81, 98
Diário de pesquisas (1839), 9, 33-4, 35, 36, 37-8, 42-4, 46-7, 49, 50-3, 58, 59-61, 62, 201, 202, 211, 240, 241-2
Diário de pesquisas (1845), 62-3
Diário do Beagle, 54, 55, 56
expressão das emoções no homem e nos animais, A, 84-5, 140, 198-200, 236, 237
"letter, containing remarks, A", 1836, 55, 57-8
Notas ornitológicas, 62
On the Tendency of Species to Form Varieties; and on the Perpetuation of Varieties and Species by Natural Means of Selection, 108-9
On the Various Contrivances by which British and Foreign Orchids are Fertilized by Insects, 130, 166-8
origem das espécies, A (1859), 9, 10, 13, 91-2, 99, 105, 110, 115-22, 124-6, 127, 128-9, 132-6, 141, 142, 144, 147, 152-65, 173, 194-5, 215, 231, 265, 273, 282-4
origem das espécies, A (1861), 102-4, 147-8
origem das espécies, A (1869), 145
origem do homem e a seleção sexual, A (1871), 144-5, 176-8, 181, 182, 183-6, 187-8, 190-2, 195-6, 198, 203-6, 214, 225, 228, 237, 249
origem do homem e a seleção sexual, A (1874), 186, 196, 207
Prefácio a *Life of Erasmus Darwin*, 263
Variation of Animals and Plants under Domestication, The, 93, 131, 139-40, 142-3, 145, 150, 151
Darwin, Charles Waring (filho), 86
morte de, 86
Darwin, Emily Catherine (irmã):
carta de CD em 22 mai-14 jul 1833 para, 226
carta de CD em 22 mai[-14 jul] 1833 para, 47
carta de CD em 6 abr 1834 para, 56-7

carta de CD em 14 fev 1836 para, 39, 201
Darwin, Emma Wedgwood (mulher), 227
amor de CD por, 74-6
apreciação da natureza de CD e, 242
Autobiografia, em, 218
carta de CD em [20-21 mai 1848] para, 76
carta de CD em [23 abr 1851] para, 85-6
carta de CD em [28 abr 1858] para, 242
carta de CD em 5 jul 1844 para, 79
carta para CD, 21-22 nov 1838, 74
carta para CD, 23 jan 1839, 74
carta para CD, c. fev 1839, 74-5
carta para Francis Darwin sobre declaração religiosa de CD em *Autobiografia*, 218; casamento com CD, 12, 72-6
filhos e, 273
gamão e, 247
morte de Anne e, 85-6
música e, 276
passeios no jardim e, 274
publicação da teoria das espécies de CD e, 79
visita da sra. Huxley e, 221
saúde de, 219-20
sobre CD e religião, 216, 218
Darwin, Erasmus (avô), 104, 247, 254, 265
Zoonomia, 100, 102
Darwin, Erasmus Alvey (irmão), 23, 70, 102, 212, 229, 254, 255
carta para CD, 23 nov [1859], 152
Darwin, Francis (filho), 87, 99, 161, 231-2, 235-6, 281
carta de Emma Wedgwood Darwin para, 218
The Life and Letters of Charles Darwin, 272-3, 274-8, 279-81
Darwin, George Howard (filho), 86, 220, 229, 281
Darwin, Henrietta Emma (filha) *ver* Litchfield, Henrietta Emma Darwin (filha)
Darwin, Horace (filho), 87
carta de CD em [15 dez 1871] para, 228-9
Darwin, Leonard (filho), 87, 220, 272, 273-4, 278
Darwin, Robert Waring (pai), 39, 212, 244
carta de CD em 31 de ago [1831] para, 30-1
carta de CD em 8 fev-1º mar [1832] para, 32-3
carta de CD em 10 fev 1832 para, 32
objeções à viagem do *Beagle* de CD, 30-1
Darwin, Susan Elizabeth (irmã):
carta de CD em 14 jul-7 ago [1832] para, 34
carta de CD em 4 ago [1836] para, 39
Darwin, Susanna Wedgwood (mãe), 244
Darwin, William Erasmus (filho), 84-5
carta de CD em 3 out [1851] para, 86
daguerreótipo de, 66
Das entdeckte Geheimnis der Natur (Sprengel), 70
Daubeny, C.G.B., 158
De Vries, Hugo, 264
dedução, 71, 230, 261
Demóstenes, 228
Descartes, René, 261
descendência, 80

e Lyell, 259-60
teoria da, 101
ver também seleção natural
descendência, com modificação, 11, 77-83, 134, 135-6
descendência, da humanidade, 70, 102, 175, 249, 287-8
de forma inferior, 176-7
de símios, 158, 159, 176-7, 283, 289
desígnio, 120, 137-40; *ver também* Deus/Criador; natureza
Deus/Criador, 9, 52-3, 69, 77, 83, 119, 121, 137, 138-9, 140, 167, 212, 217
debates sobre, 10
desígnio e, 137, 165
Erasmus Darwin e, 254
crença limitada em, 213-4
formas criadas originais e, 147-8
Kingsley e, 147
senso de sublimidade e, 215-6
sofrimento e, 213
teoria da evolução e, 216
ver também desígnio, religião
"Diamond Beetle", 39
Diário de Darwin (C. Darwin), 68, 73, 81, 98
Diário de pesquisas (C. Darwin, 1839), 9-10
arquipélago de Galápagos e, 59-61
coleção de história natural e, 49-53
escravidão e, 46-7
geologia em, 42-4
natureza em, 240-2
povos indígenas e, 58
religião em, 211
sociedade em, 201-2
viagem do *Beagle* em, 33-4, 35-6, 37-8
Diário de pesquisas (C. Darwin, 1845), 62-3
Diário do Beagle (C. Darwin), 54, 55, 56
Disraeli, Benjamin, 162
doença, 143, 180, 203, 204
Dohrn, Anton, 264
carta de CD em 4 jan 1870 para, 228
carta de CD em 15 fev 1880 para, 230
D'Orbigny, Alcide, 50
Drosera, 168-9
Duncan, Andrew, 24
Dyster, Frederick Daniel, 159

Edimburgo, cirurgia no hospital de, 25
Edinburgh Review, 157
educação, 23-9, 40, 88-9, 207
Eliot, George, *Silas Marner*, 277
Elwin, Whitwell, 91
carta para John Murray em 21 set 1870, 175
embriologia, 119-20, 164-5
emigração, 202, 203-4, 205-6
Emma Darwin (Litchfield), 74
emoções, 197-200, 214, 235
Engels, Friedrich, 163, 287
enjoo, 33
ensaio sobre o princípio da população, Um (Malthus), 71
Entomologist's Weekly Intelligencer, carta
de CD em 25 jun 1859 para, 87
erva-de-passarinho, 116
ervas, 34, 167
escravidão, 46-8, 73, 224, 225, 254
escrita, 12, 13, 33, 231-4, 275, 278
espécies, 67-71, 80, 82, 124-7, 227
adaptação por *ver* adaptação
aumento de, 78, 127

classificação de, 77, 81, 99, 119-20
competição entre, 118, 126
comunidade de origem e, 124
criações individuais e, 79
criadas, 82, 101, 121, 271
definição de, 79, 124
descendentes de, 116
descendência de, 102, 104
dificuldade de distinguir, 103, 124-5
diversificação de, 126
domesticadas, 67, 128, 131, 141, 142
dominantes, 125
estabilidade de, 62
esterilidade e, 79
estruturas mais fracas em, 69
exatidão das, 68
extintas, 42-3, 94, 116, 117, 119, 121, 134
guerra de, 71
indivíduos da mesma, 141
luta pela existência e *ver* luta, pela existência
modificação de *ver* modificação
novas, 71, 104, 126, 134, 139, 151
novas condições de vida e, 126
não imutáveis, 77
origem das, 70, 103, 110, 115, 121, 156
Powell e, 104
produções mutáveis e, 173
relação das formas mais antigas com espécies existentes, 152
seleção na natureza e, 67
símile da árvore e, 119
sobrevivência das *ver* sobrevivência, dos mais aptos
Spencer e, 103-4
subespécies e, 124
teoria das, 95-6
transmutação de, 54, 80-1
variação entre *ver* variação/variabilidade
ver também animais; plantas; população
espíritas, 229
"Essays" (Spencer), 103
"Essays on the espirit of inductive philosophy, unity of worlds, and the philosophy of creation" (Powell), 104
Estados Unidos, 159, 203, 205-6
Guerra Civil nos, 224
Euclides, 23, 28
Europa, 129, 205-6
europeus, 56, 201
Evidences of Christianity (Paley), 27-8
evolução, 9, 10, 13, 216, 285, 286, 287; *ver também* descendência, com modificação
Excursão (Wordsworth), 245
experimentação, 11, 23-4, 227, 279; *ver também* observação
expressão das emoções no homem e nos animais, *A* (C. Darwin), 84-5, 140, 198-200, 236-7
expressões faciais, 197, 199-200

F. sanguinea, 194
faisão-argus, 184
falcões, 60
Falconer, Hugh, 264
Farrer, T.H., carta de CD em 29 out [1868] para, 144
fatos falsos, 228
Fawcett, Henry, carta de CD em 18 set [1861] para, 227, 231
Fédon (Platão), 70
fertilização, 70, 117, 142, 167, 168, 170
Ffinden, rev. George, 264-5

filantropia, 247
física, 277
fisiologia, 239
fisiologistas, 154, 238-9
FitzRoy, Mary, 245
FitzRoy, Robert, 9, 30, 31, 32, 33, 44, 46, 53, 54, 162, 255
carta de CD em [19 set 1831] para, 49
carta de CD [4 ou 11 out 1831] para, 32
carta de CD 1º out 1846 para, 245-6
e escravidão, 46
"letter, containing remarks, A", 1836, 55, 57, 58
flores, 34, 38, 70, 118
florestas, 211
fome, 71
Foote, G.W., 287
Forbes, Edward, 100
Forbes, J.D., 161
Fordyce, John, carta de CD em 7 mai 1879 para, 216
forma primordial, 147
formiga-leão, 52
formigas, 133, 194
fósseis, 40, 42, 68, 80, 98, 152
Fox, William Darwin (primo), 235, 255-6, 265
carta de CD em mai [1832] para, 41
carta de CD em [12-13] nov 1832 para, 34-5
carta de CD em [9-12 ago] 1835 para, 39
carta de CD em 15 fev 1836 para, 255-6
carta de CD em [7 jun 1840] para, 84
carta de CD em [24 abr 1845] para, 101
carta de CD em 17 jul [1853] para, 89
carta de CD em 3 out [1856] para, 90
carta de CD em 8 fev [1857] para, 82, 86
carta de CD em 13 nov [1858] para, 220
carta de CD em 24 [mar 1859] para, 82, 246
carta de CD em 26 nov [1864] para, 265
Freud, Sigmund, 287-8
Fuegia Basket (Yokcushla), 56
Fueguinos, 54-5, 58, 177

Galápagos, arquipélago de, 53, 59-63, 68, 77, 81, 166
Galton, Francis, 145-6, 193, 206, 229, 265
carta de CD em 23 dez [1869] para, 192-3
Hereditary Genius, 192
Gaskell, Elizabeth, 277
gatos, 118, 137
gaúchos, 35, 49
gêmulas, 142-3, 236
gênero, 183, 185, 188, 191-2, 205, 225
gêneros, 81, 116
proteicos ou polimorfos, 127
genética *ver* variação/variabilidade
geografia, 23, 135, 152
geologia, 10, 28, 33, 41-5, 67, 68, 79, 81, 133-4
e Chambers, 101
e Croll, 163-4
e habitantes sul-americanos, 115
preleções de Jameson sobre, 24
ver também Terra
Geological Society of London, 42
geometria, 23
Gladstone, William Ewart, 256, 287

glândulas lacrimais, 199
Glen Roy, Escócia, 226
Goethe, Johann Wolfgang von, 102-3, 266
Gould, John, 68
governo francês, 50
Grã-Bretanha, 203
Grant, Robert, 100
Grasmere, 278
gravidade, 69, 122, 131, 138, 147; *ver também* leis científicas
Gray, Asa,
carta de CD em 20 jul [1857] para, 82
carta de CD em 4 jul 1858 para, 108
carta de CD em 11 nov [1859] para, 83
carta de CD em [8 ou 9 fev 1860] para, 132
carta de CD em 3 abr [1860] para, 132
carta de CD em 22 mai [1860] para, 137, 138
carta de CD em 3 jul [1860] para, 138-9, 160
carta de CD em 22 jul [1860] para, 256
carta de CD em 10 set [1860] para, 256
carta de CD em 5 jun [1861] para, 224
carta de CD em 10-20 jun [1862] para, 87, 163, 224
carta de CD em 23[-24] jul [1862] para, 168
carta de CD em 28 mai [1864] para, 246
carta de CD em 28 jan 1876 para, 247
Gray, Jane Loring, 247
Gray, John Edward, 53
Guerra Civil Americana, 224, 225
Gully, William, 220
Gunther, Albert, carta de CD em 12 abr [1874?] para, 53

Haeckel, Ernst, 256-7, 266
Haiti, 47
Handel, George Frideric, 242
Haughton, Samuel, 111
Hearne, Samuel, 118
Henry, William, *Chemical Catechism*, 23
Henslow, rev. John Stevens,
carta para CD, 24 ago 1831, 30
carta de CD em [5 set 1831] para, 31
carta de CD em [26 out-]24 nov 1832 para, 50
carta de CD em 18 abr 1835 para, 240
carta de CD em 6 mai 1849 para, 219-20
Herbert, J.M., carta de CD em 2 jun 1833 para, 48
Herbert, John Rogers, pintor, 266
hereditariedade, 75, 115, 140, 141-6, 191
Hereditary Genius (Galton), 192
hermafroditas, 95, 96, 98, 170
Herschel, sir John, 104, 153
Introduction to the Study of Natural Philosophy, 29
Hieracium, 127
Hipócrates, 144
hipótese, 145, 163, 230, 288; *ver também* ciência
história, 23
história natural, 13, 32, 34, 40, 49-53, 59
HMS Beagle, 9, 12, 13, 30-40, 41, 55, 57, 80, 115, 211, 219, 235
Hodge, Charles, 165
Holmgren, Frithiof, carta de CD em 18 abr 1881 para, 238-9

Hooker, Joseph Dalton, 82, 108-9
caráter de, 257
carta de CD em [11 jan 1844] para, 77, 100
carta de CD em 7 de jan de 1845 para, 101
carta de CD em [16 de abr 1845] para, 166
carta de CD em [11-12 jul 1845] para, 80
carta de CD em [10 set 1845] para, 80
carta de CD em [3 set 1846] para, 166
carta de CD em [2 out 1846] para, 94
carta de CD em [6 nov 1846] para, 95
carta de CD em 10 mai 1848 para, 95-6
carta de CD em 13 jun [1850] para, 97
carta de CD em 5 jun [1855] para, 166, 167
carta de CD em 13 jul [1856] para, 82
carta de CD em 15 jan [1858] para, 220
carta de CD em [29 jun 1858] para, 86, 107
carta de CD em 13 [jul 1858] para, 109
carta de CD em 23 jan [1859] para, 110
carta de CD em 1º set [1859] para, 221
carta de CD em 30 mai [1860] para, 159-60
carta de CD em 4 dez [1860] para, 169
carta de CD em 15 jan [1861] para, 258
carta de CD em 23 [abr 1861] para, 221-2
carta de CD em 19 jun [1861] para, 167
carta de CD em 30 jan [1862] para, 168
carta de CD em 9 fev [1862] para, 227
carta de CD em 9 [abr 1862] para, 222
carta de CD em 24 dez [1862] para, 225
carta de CD em 15 fev [1863] para, 169
carta de CD em 26 [mar 1863] para, 227
carta de CD em [29 mar 1863] para, 148
carta de CD em [27 jan 1864] para, 170
carta de CD em 26[-27] mar [1864] para, 222
carta de [11 jun 1864] para CD de, 266
carta de CD em 9 fev [1865] para, 243
carta de CD em [29 jul 1865] para, 259
carta de CD em 25 dez [1868] para, 258
carta de CD em 16 jan [1869] para, 164
carta de CD em 1º fev [1871] para, 148
carta de CD em 23 jul [1871] para, 170
carta de CD em 18 jan [1874] para, 229
carta de Wallace em 6 out 1858 para, 109
discordâncias de CD com, 105

e alemão, 277
e CD como antecipado, 109
e CD sobre *Abutilon darwini*, 170
e CD sobre Chambers, 101
e CD sobre crueldade da natureza, 82
e CD sobre morte de filho, 86
e CD sobre descendência, 80
e CD sobre drósera, 169
e CD sobre fim da Terra, 243
e CD sobre experimentação, 227
e CD sobre hermafroditas, 95-6
e CD sobre Jenkin, 164
e CD sobre Lamarck, 100
e CD sobre observação, 95
e CD sobre orquídeas, 167, 168
e CD sobre sopa primordial, 148
e CD sobre prioridade, 107
e CD sobre espécies, 80
e CD sobre espiritualismo, 229
e CD sobre variação, 97
e estufa de CD, 168
legado para, 249
saúde de CD e, 220, 222
uso de criação como termo por CD e, 148
Wallace e, 110
Hope, T.C., 24
Horácio, 262
Horner, Leonard, carta de CD em 29 ago [1844] para, 45
humanidade:
animais domesticados e, 92, 128, 131, 141, 184, 204
arquiteto da, 129-30
arrogância da, 69
babuíno como avô da, 70
beleza como criada para, 132-3
cauda e, 175, 176
criada a partir de animais, 69
descendente de outras espécies, 102
descendente de símios, 158, 159, 162, 176-7, 283, 289
descobridor da, 228-9
desígnio divino e, 138-9
dignidade da, 173-4
disposição mental da, 191
estrutura da, 135-6, 176
intelecto da *ver* intelecto
luta pela existência e, 181, 201
natureza da, 138, 163
origem da como oculta da, 79
origens da, 9, 122, 130, 135-6, 173-9, 228
poder sobre seleção, 118, 128, 131, 141, 151, 184; *ver também* animais, domesticados
população da, 10, 203-4
preservação da fraqueza e, 204
primeiros progenitores da, e, 176, 190, 200
produção mutável e, 173
projetista, 137
seleção natural e, 181
símio vs anjo e, 162
raças da, 180-2, 191
reprodução da, 181
sociedade da *ver* sociedade, humana
Humboldt, Alexander von, 258
carta para CD, 18 set 1839, 266
Personal Narrative, 10, 29
Huxley, Henrietta Anne Hearthorn, 197, 221
Huxley, Julian, 286
Huxley, Thomas Henry, 82, 154-5, 158
caráter de, 258
carta de CD em 26 set [1857] para, 82

carta de CD em 2 jun [1859] para, 83
carta de CD em 27 nov [1859] para, 90-1
carta de CD em 28 dez [1859] para, 153-4
carta de CD em 3 jul [1860] para, 160, 259
carta de CD em [5 jul 1860] para, 159
carta de CD em 22 nov [1860] para, 161
carta de CD em 22 fev [1861] para, 221
carta de CD em 30 jan [1868] para, 197
carta para F. Dyster em 9 set 1860, 159
Darrow e, 289
legado de CD para, 249
obituário de CD na *Nature* por, 283-4
sobre CD, 266

Icneumonídeos, 137
iguana [marinho], 60-1
iguana [terrestre], 61
imaginação, 214, 285
imortalidade, 215
Império Britânico, 10
indução, 153, 163
industrialização, 10
Inglaterra, 47, 48, 55, 201
Innes, J.B., 266-7
insetos, 34, 69, 70, 77, 116, 118, 122, 127, 168-9, 227, 267
instintos, 61, 68, 79, 84, 121, 133, 136, 150, 180, 188, 194-6, 201, 215, 237, 245, 246
intelecto, 69, 178, 181, 190-3, 205, 207, 214
Introduction to the Study of Natural Philosophy (Herschel), 29
Iquique, Chile, 37

James, Alice, *Diary*, 287
Jameson, Robert, 24
Jardim Zoológico, Londres, 197-8, 199
Jenkin, Fleeming, 164
Jenny (orangotango no zoológico de Londres), 70
Jenyns, Leonard, 267

Kant, Immanuel, 187
King's College Chapel, Cambridge, 27
Kingsley, rev. Charles, 147
carta de A.R. Wallace em 7 mai 1869 para, 270-1
Kirby, William, 52
Krause, Ernst, *Life of Erasmus Darwin*, 253-4

lagartos, 60-1
Lake District, RU, 277-8; *ver também* Wordsworth, William
Lamarck, Jean-Baptiste, 100, 102, 104, 155-6, 162
Lamb, Charles, 255
Lavater, Johann Kaspar, 31
Lawson, sr. (residente nas Galápagos), 59
Leibnitz, Gottfried Wilhelm, 261
leis científicas, 29, 68, 102, 121, 122, 131, 137, 147, 287
da batalha, 183
deliberadas, 138-9
gerais, 129-30
mente de CD e, 244, 248
origens humanas e, 173,
secundárias, 167
variabilidade e, 133
ver também gravidade

leis de proteção aos pobres, 204
leitura, 245, 247-8, 275, 276-7
"letter, containing remarks, A", 1836 (FitzRoy e Darwin), 55, 57-8
Lettington, Henry (jardineiro de Darwin), 267
Lewis, John (carpinteiro na aldeia de Down), 268
Life and Letters of Charles Darwin, The (F. Darwin, org.), 248, 272-3, 274-8, 279-81
Life of Erasmus Darwin (Krause), 253-4
Lincoln, Abraham, 287
Lineu, Carlos, 74n, 230
língua alemã, 277
linguagem, 176-7, 190
Linnean Society of London, 18, 108, 109, 110, 111, 222, 249, 267, 284-5
Litchfield, Henrietta Emma Darwin (filha):
carta de CD em [mar] 1870 para, 233-4
carta de CD em [18 fev 1870] para, 233
carta de CD em 20 mar 1871 para, 178-9
carta de CD em 4 set [1871] para, 88
carta de CD 4 em 4 jan 1875 para, 238
Emma Darwin, 74
Litchfield, Richard, 76
lobos, 77
Locke, John, 69
Lubbock, John, 99, 259, 267, 282
carta de CD em 5 set [1862] para, 88, 227
luta, pela existência, 10, 115
e Guerra Civil Americana, 225
e humanidade, 181
e Malthus, 71
e seleção natural, 107, 129, 150, 151
e raças do homem, 180
e tamanho da população, 78-9, 117-8
Lyell, Charles, 67, 81, 105, 108, 109, 247, 254
caráter de, 259-60
carta de CD em 30 jul 1837 para, 67
carta de CD em [14] set [1838] para, 68
carta de CD em [2 set 1849] para, 96-7
carta de CD em 4 nov [1855] para, 91
carta de CD em 1-2 mai de 1856 para, 90
carta de CD em 18 [jun 1858] para, 106-7
carta de CD em [24 jun 1858] para, 107
carta de CD em 20 set [1859] para, 83
carta de CD em [10 dez 1859] para, 153
carta de CD em 10 abr [1860] para, 101-2, 157, 260
carta de CD 4 mai [1860] para, 173-4, 202-3
carta de CD 17 jun [1860] para, 129-30, 138
carta de CD em 3 out [1860] para, 126-7, 130
carta de CD em 14 nov [1860] para, 169
carta de CD em [1º ago 1861] para, 139
carta de CD em 12-13 mar [1863] para, 104

carta para CD, 15 mar 1863, 162
carta para CD, 16 de jan 1865, 271
Princípios da geologia, 41, 45
Wallace e, 106-7, 108, 109, 110
Lyell, Mary Horner, 91
Lytton, Edward Bulwer, 94

macacos, 70, 176-7, 188, 197-8, 249, 261; *ver também* símios
Mackintosh, James, 260
Malaio, arquipélago, 110
Malthus, Thomas Robert, 10, 71, 78, 115, 163
Um ensaio sobre o princípio da população, 71
mamangabas, 117-8
mamíferos, 190
mandrils, 185; *ver também* símios
margaridas vs dentes-de-leão, 166
Marshall, Victor A.E.G., carta de CD em 7 [set] 1879 para, 261
Martens, Conrad, 49
Martineau, Harriet, 268
Marx, Karl, 163, 287
mastodonte, 42
matemática, 277
matéria, origem da, 148
materialismo, 69
Matthews, Patrick, "Naval Timber & Arboriculture", 101-2
McDermott, Frederick, carta de CD em 24 nov 1880 para, 217
Medalha Copley da Royal Society, 264
medicina, 25, 204, 219; *ver também* saúde
Megatério, 35
Mengden, N.A. von, carta de CD em 8 abr 1879 para, 216
Messias, O (Handel), 242
metafísica, 69, 285
migração, de plantas e animais, 135
Mill, John Stuart, 163
Milton, John, 248
Paraíso perdido, 245
Mimosa, 274
minhocas, 274
Ministério da Marinha, britânico, 49
missionários, 57-8
Mivart, George St. J., 178
modificação, 127, 168
áreas pequenas vs grandes e, 126
aves de Galápagos e, 63
descendência com, 11, 77-83, 101, 134, 134-5
domesticação e, 93
pelo bem de uma outra espécie, 129
seleção natural e, 115
Spencer e, 103-4
ver também variação/variabilidade,
Montagu, Ashley, 289
moralidade, 76, 187-9, 211, 213, 214, 218, 254, 282, 285
morfologia:
adaptação e, 69, 78-9, 116, 118, 144-5
animais de Galápagos e, 61-3
desígnio e, 139
de embriões, 119-20
formigas e, 133
humanidade e, 135-6, 176
modificações da, 92-3, 135-6, 167
orquídeas e, 167
pombos e, 92-3
Primula e, 170
seleção natural e, 129-30, 144-5
similar em diferentes, 135-6
Morning Post, obituário de CD no, 283
morte, 203, 241, 244, 273-4
mudança climática, 135

Müller, J.F.T., carta de CD [antes de 10 dez 1866] para, 256-7
Munchausen, barão de, 34-5
Murchison, sir Roderick, 258
Murray, John (editor), 91, 175
carta de CD em 14 jun [1859] para, 231
carta de CD em [3 nov 1859] para, 152
música, 27, 216, 248, 276

nações:
competição entre, 203
leis, costumes e tradições das, 207
Napoleão III, 203
naturalistas, 29, 30, 33-4, 36, 39, 119, 154, 175, 186, 228
Nature, obituário de CD na, 283-4
"Naval Timber & Arboriculture" (Matthews), 101-2
natureza, 10, 122, 134-5
arranjos e maravilhas ilimitáveis, 96-7
economia da, 69, 81
funcionamentos cruéis da, 82
graus de perfeição na, 129
guerra na, 71, 78
história de produções da, 121
metáfora da cunha e, 69, 117
personificação da, 131
Sedgwick e, 152-3
seleção na, 67
variação e, 126-7, 128
ver também desígnio; paisagem
Negro, rio, norte da Patagônia, 42, 49-50
negros, 46-8
Nevill, lady Dorothy, 268
New York Times, obituário de CD no, 283
Newman, Henry, 117-8
Newton, sir Isaac, 138, 282, 286
North, Marianne, 268-9
Norton, Charles Eliot, 269
Notas ornitológicas (C. Darwin), 62
Nova Gales do Sul, Austrália, 51-2, 202
Nova Zelândia, 38, 129

observação, 9, 13, 40, 41, 42, 44, 45, 80, 94, 95, 166, 167, 226, 227, 228-9, 231, 245; *ver também* experimentação; ciência
Ogle, William:
carta de CD em 6 mar [1868] para, 144
carta de CD em 22 fev 1882 para, 230
olho, 132
On the Various Contrivances by which British and Foreign Orchids are Fertilised by Insects (C. Darwin), 130, 166-8
orangotangos, 70, 199; *ver também* símios
órgãos, 134, 136
origem das espécies, A (1859) (C. Darwin), 13, 115-23, 273
cracas em, 98-9
demasiado atribuído à seleção natural em, 144-5
dificuldades em, 132-6
espécies em, 124-6, 127
estilo de, 231-2
Galton sobre, 265
Huxley sobre, 283-4
influência de, 282-3
instintos em, 194-5
origem da vida em, 147
origens humanas em, 173
planos de CD para, 9-10
pombos em, 91-2

precursores e, 104-5
publicação de, 9
reações a, 152-65
seleção natural em, 128-9
símile da árvore e, 119
teísmo e, 215
variação e hereditariedade em, 141-2
Wallace e, 110
origem das espécies, A (1861) (C. Darwin), 102-4, 147-8
origem das espécies, A (1869) (C. Darwin):
concepção alterada sobre seleção em, 145
origem do homem, A (1871) (C. Darwin), 283
acolhida de, 178-9
adaptação em, 144-5
cães em, 237
ciência em, 228
descendência em, 176-8, 249
emoções em, 198
escravidão em, 225
estilo de, 233-4
instintos em, 196
intelecto em, 190-2
moralidade em, 187-8
seleção natural em, 175
raça em, 181-2
religião em, 213-4
seleção sexual em, 183-6
sociedade em, 203-6
origem do homem, A (1874) (C. Darwin):
instintos em, 196
seleção sexual em, 186
sociedade em, 207
ornitorrinco (*Ornithorhyncus paradoxus*), 51-2
orquídeas, 166-8; *ver também* adaptação
Osorno, vulcão, 43
Otaheite *ver* Taiti
Owen, Richard, 42, 156, 157, 158, 260

Pahia, Nova Zelândia, 38
paisagem, 33-4, 38, 43, 211-2, 215-6, 240-3, 248, 277-8; *ver também* natureza
Palaeontological Society, 98
Paley, William, 137
Evidences of Christianity, 27-8
Moral Philosophy, 27-8
Natural Theology, 28
Pampas, 37, 80
pangênese, 142, 144, 145-6, 235-6
Paraíso perdido (Milton), 245
Paraná, rio, 42
Parkes, Samuel, *Chemical Catechism*, 23-4
Parslow, Joseph (mordomo de CD), 269
Patagônia, 49
pavões, 132, 180-1
Peacock, George, 30
penas, 132
Personal Narrative (Humboldt), 10, 29
Peru, 37
Philosophical Club of the Royal Society of London, 220
Philosophical Society of Cambridge, 40
Philosophical Transactions of the Royal Society, 226
pica-paus, 116, 242
planetas, 134-5, 138, 139
plantas, 77, 122, 267
coleção de, 166
competição entre, 125
condições físicas diversas e, 125
denominação de, 166
domesticadas, 67, 128
gêneros de, 127

luta pela existência e, 71
migração de, 135
parasitas, 34
peculiares ao arquipélago de Galápagos, 166
progenitores das, 147
variedades de, 125
ver também botânica; população; espécies
Platão, 104
Fédon, 70
pobreza, 204, 206
poesia, 247-8, 285
pólen, 142, 168, 170
Polinésia, 201
política, 224-5
pombo comum (*Columba livia*), 92
pombos, 60, 91-3, 143
população, tamanho da, 10, 71, 79, 115, 117, 203-4
Port Desire, Patagônia, 49
Portillo, passo, 242
Portugal, 94
portugueses, 47
povos indígenas, 54-8, 175, 177, 191, 225, 249
crânios de, 181
crença em Deus e, 213-4
eliminação dos fracos, 204
exigências mentais de, 174
fueguinos como selvagens e, 54-5
gênero e, 185
seleção sexual e, 180
Powell, Baden:
carta de CD em 18 jan [1860] para, 101
"Essays on the Spirit of Inductive Philosophy, Unity of Worlds, and the Philosophy of Creation", 104
primogenitura, 205, 225
Primula, 170
Princípios da geologia (Lyell) 41, 45
progresso, 207, 243, 259
proteínas, 148
Protococcus nivalis (neve vermelha), 51
psicologia, 104, 122
Punch, 162

Quadrúmanos, 176
Quillota, vale de, 43
química, amor de CD pela, 23-4, 152, 255

raças, 180-2, 200, 204
rapé, 268, 276
raposas, 51, 62, 77
ratos, 117-8, 137
Raverat, Gwen, 281
razão, 196, 214, 231, 245
recifes de coral, 45, 230
religião, 10, 74, 156, 211-8, 259, 267, 282, 288; *ver também* Deus/Criador
Religious Views of Charles Darwin, The (Aveling), 217
reprodução, 141, 142-3, 144, 180-1; *ver também* seleção sexual
Reversão, princípio de, 143
Richmond, George, 22
riqueza, 205
Romanes, George J., 284
carta de CD em 7 mar 1881 para, 193
Rosa (planta), 127
Royer, Clémence-Auguste, 163
Rubus, 127
Ruskin, John, 261
Rydal Water, Lake District, 278

S. Pedro, arquipélago de Chonos, 51
Saint-Hilaire, Isidore Geoffroy, 102-3

San Blas, baía de [sul de Bahia Blanca, Argentina], 50
Santa Maria, ilha de, 44
Santiago, Cabo Verde, 33
sapos, 50
Sarandi, rio, 42
Saturday Review, 24 dez 1859, 155-6
saudade, 36, 39
saúde, 12, 36, 76, 98, 106, 219-23, 245-7, 264, 280, 281; *ver também* medicina
Scott, sir Walter, 277
Sebright, sir John, 92
Sedgwick, rev. Adam, 28, 39
  carta para Darwin, 24 nov 1859, 153
seleção natural, 9, 11, 88, 128-31
  abelhas-domésticas e, 195
  aceitação da teoria da, 105, 175
  analogia do arquiteto humano e, 129-30
  animais domesticados e, 67, 118
  CD antecipado com relação à, 107, 108
  cérebro e, 174
  como implicando escolha, 150
  de orquídeas, 168
  deificação da, 129-30
  desígnio e, 137, 139
  em benefício de outras espécies, 129
  em formas novas e aperfeiçoadas, 134
  Estados Unidos e, 205
  estruturas e, 129-30
  extinção e, 134
  formigas e, 133
  humanidade e, 181
  indivíduos da mesma espécie e, 141
  instintos e, 194, 196
  intelecto humano e, 190-1
  leitura de Malthus por CD e, 10, 71
  luta pela existência e, 106-7
  Matthews e, 101-2
  modificação e, 116
  mudanças de estrutura adaptativas e, 144-5
  poder inteligente e, 131
  preservação de variedades e, 150
  primogenitura e, 225
  progresso e, 207
  Shaw sobre, 285
  sobrevivência dos mais aptos e, 149-51
  sofrimento e, 213
  variação/variabilidade e, 126, 127, 128, 131, 137, 151
  Wallace e, 10, 106-7, 109, 110, 149-50, 174, 225
seleção sexual, 180, 181, 183-6; *ver também* reprodução
sementes, 116, 142, 143-4
seres sensíveis, 139, 213
sessões, 229
sexos, 183-6; *ver também* gênero
Shakespeare, William, 248
Shaw, George Bernard, *Volta a Matusalém*, 285
Shelley, Percy Bysshe, 248
Shrewsbury, escola de, 23, 24, 25
Shrewsbury, leitos de cascalho em, 28
Silas Marner (Eliot), 277
Silk, George, 161
símios, 85
  cérebro dos, 174
  espelhos e, 85, 199
  humanidade descendente de, 158, 159, 162, 176-7, 283, 289
  intelecto humano e, 190
  ver também chimpanzés; mandrils; macacos; orangotangos

sobrevivência, dos mais aptos, 144-5, 149-51
Sociedade de Turim, 230
sociedade, humana, 201-7
sofrimento, 213, 224, 225; *ver também* vivissecção
sopa primordial, 148
Spencer, Herbert, 149-50
  "Essays", 103-4
Sprengel, C.K., *Das entdeckte Geheimnis der Natur*, 70
St. Jago [Santiago], Cabo Verde, 41
Stazione Zoologica di Napoli, 230
sublimidade, senso de, 215-6
subsistência, 203
Sullivan, Bartholomew James, 218
Sutton, Seth, 197

Taiti, 38, 57, 276
tatus, 80
taxidermia, 24
teísmo, 217, 254, 259
tempo geológico, 126, 127, 128, 133-4, 135
tentilhões, 60, 92
teologia, 287; *ver também* religião
teoria do lago glacial, 226
Terra, 288
  destruição da, 215
  idade da, 79, 163-4
  ver também geologia
Terra do Fogo, 54-6, 58, 177, 201, 211, 241
terremotos, 44
Thompson, sir William, 164
Thorley, Catherine A., 166
Times, The, 238-9
  obituário de CD em, 282-3
Timiriazev, Kliment, 270
tiranídeos, 60
tiro, 25, 26
Tollett, Ellen, 218
Tollett, Laura, 218
tordo-dos-remédios, 60
Toxodonte, 42
trevo vermelho (*Trifolium pratense*), 117
trevos, 117
Twain, Mark, 270
Tyndall, John, 270

Unitarismo, 254
Universidade de Cambridge, 25, 26-9
Universidade de Edimburgo, 25
Universo, 139
ursos-negros, 119

vacinação, 204
Valdivia, Chile, 44
variação/variabilidade, 78-9, 141-6, 151
  adaptação e, 78-9
  acaso e, 142
  condições de vida e, 133
  condições orgânicas e inorgânicas de vida e, 128
  desígnio vs seleção natural e, 137
  independente de condições de vida, 127
  instintos e, 196
  inútil, 145
  leis e, 133
  luta pela existência e, 71, 78-9, 115
  pequenos graus de, 97
  pombos e, 93
  seleção humana e, 128
  seleção natural e, 126, 127, 128, 131, 137, 151
  sofrimento e, 213
  uso e desuso e, 133
  ver também modificação
Variation of Animals and Plants under Domestication, The (C. Darwin), 93, 131, 139-40, 142-3, 145, 150, 151
variedade (taxonômica), 124-5, 126
vermes, 122

Vestiges of the Natural History of Creation (Chambers), 101, 103, 155-6
vida, origem da, 147-8
oculta do homem, 79
mistério dos mistérios, 62-3
Vitória, princesa real da Rússia, 271
vivissecção, 237, 238-9; *ver também* sofrimento
Volta a Matusalém (Shaw), 285
Voluta (caracol marinho), 28
vontade, 140, 199

Wallace, Alfred Russel, 104, 123, 288
acordo de CD com, 106
admiração por CD, 157-8
anúncio simultâneo de teorias com CD, 10, 108-9, 110-1
carta de CD em 22 dez 1857 para, 106, 173, 226
carta de CD em 18 mai 1860 para, 158
carta de CD em 28 [mai 1864] para, 180, 225
carta de CD em 15 jun [1864] para, 180-1
carta de CD em 5 jul [1866] para, 149-50
carta de CD em 27 mar [1869] para, 145
carta de CD em 14 abr 1869 para, 174-5
carta de CD em 20 abr [1870] para, 261-2
carta para CD, 2 jul 1866, 131, 149
carta para J.D. Hooker, 6 out 1858, 109
carta para Charles Kingsley, 7 mai 1869, 270-1
carta para George Silk, 1º set 1860, 161
CD antecipado por, 106-7, 108-10
CD sobre modéstia de, 158, 261-2
CD e, sobre seleção sexual, 180-1
On the Tendency of Species to Form Varieties and on the Perpetuation of Varieties and Species by Natural Means of Selection, 108-9
seleção natural e, 10, 106-7, 109, 110, 149-50, 174, 225
sobre capacidades de Darwin, 270-1
sobre completude da obra de CD, 157-8
sobre similaridades com CD, 284-5
Waterton, Charles, 24-5
Watson, James D., 289
Wedgwood, Caroline Sarah Darwin (tia), 218
Wedgwood, família, 281
Wedgwood, Hensleigh, 229
Wedgwood, Josiah, II, 30, 40, 262
Wedgwood, Julia, 273
carta de CD em 1º jul [1861] para, 139
Whewell, William, 79, 145, 161
Whitley, C.T., carta de CD em [8 mai 1838] para, 72
Wickham, John Clements, 32, 46
Wilberforce, rev. Samuel, 158, 159
Wilson, William, 57
Wordsworth, William, 248
Excursão, 245
ver também Lake District, RU

yagan, povo, 55
York (El'leparu), 56

zoologia, 24, 59-63, 101
Zoological Society, Londres, 51
Zoonomia (E. Darwin), 100, 102

A marca FSC® é a garantia de que a madeira utilizada na fabricação do papel deste livro provém de florestas que foram gerenciadas de maneira ambientalmente correta, socialmente justa e economicamente viável, além de outras fontes de origem controlada.

Este livro foi composto por Mari Taboada em Dante Pro 11,5/16 e impresso em papel offwhite 80g/m² e cartão triplex 250g/m² por Geográfica Editora em agosto de 2019.